Klick! 7

Mathematik

Herausgegeben von
Prof. Dr. Franz B. Wember

Erarbeitet von
Enno Friedemann-Zemkalis
Christel Gerling
Elisabeth Jenert
Elke Narten
Maike Schindler
Petra Kühne
Ines Zemkalis

Unter Beratung von
Bärbel Becher
Dr. Thomas Breucker
Dr. Stefanie Breuers
Meike Busch
Daniela Buss
Hanne Frohberg
Kerstin Gärtig
Birgit Leuermann
Sonja Lange
Daniela Linde
Cornelia Michalski
Dr. Axel Mittelberg
Kati Steinecke

Cornelsen

Inhaltsverzeichnis

Rauminhalte

Subtraktion

Umgang mit Sachaufgaben 3

Gewichte

Kreis

Multiplikation

Zusammenhänge erkennen und untersuchen

Umgang mit Sachaufgaben 4

Längen

Umfang und Flächeninhalt

Division

Daten und Zufall 2

Körper

Zeit

Maßstab

Größen

schwierige Aufgaben

über Mathematik sprechen

Entdeckeraufgaben

Lösungen finden und vortragen

Partnerarbeit

Kontrollzahlen

Gruppenarbeit

Projektaufgaben

Der Kreis
Umfang und Durchmesser
0 0,1 0,2 0,3 0,4 0,5 0,6 0,7 0,8 0,9 1
ANZAHL | PREIS IN €
0 | 0
1 | 4
2 | 8
3 | 12
4 | 16
5 | 20
PREIS in €
ANZAHL
100 000
Reis
ROCK
Wie viele Haare hat eine Katze?

Addition

1

Z3 von 1941 (Deutsches Museum)

erster PC

a) Der erste programmierbare Computer der Welt ist der Z3, den Konrad Zuse entwickelt hat. Im Jahr 1941 stellte er ihn vor. Der Rechner war riesengroß und sehr teuer. Ein Computer, der auch für Privatpersonen bezahlbar war, kam 39 Jahre später auf den Markt. Wann war das?

b) Recherchiert über Erfindungen im Internet oder schlagt im Lexikon nach. Erfindet Aufgaben.

2 Schöne Päckchen: Was fällt dir auf?

a)	b)	c)	d)
70 + 50	28 + 30	17 + 42	86 + 1000
670 + 50	428 + 30	317 + 42	786 + 1000
3670 + 50	5428 + 30	7317 + 42	2786 + 1000
■ + ■	■ + ■	■ + ■	■ + ■

e) Erfinde gemeinsam mit einem Partner schöne Päckchen.
Rechnet sie aus und kontrolliert eure Ergebnisse gegenseitig.

3 Schreibe die Aufgaben in dein Heft. Rechne im Kopf und notiere das Ergebnis. Kontrolliere mit der Umkehraufgabe.

a) 1700 | 3400 | 2900 + 600 | 5200 | 4500 | 230 | 1370

b) 2470 | 6930 | 4050 + 30 | 80 | 720 | 950 | 3190

4 Schreibe stellengerecht in dein Heft und rechne.
Kontrolliere mit dem Taschenrechner.

	T	H	Z	E
	5	7	2	5
+	3	2	3	6
	■	■	■	■

a)	b)	c)
5725 + 3236	4768 + 424	5038 + 3907
3596 + 4323	2557 + 6662	802 + 5306
364 + 6833	7294 + 1627	2098 + 423
2876 + 7115	624 + 2548	2008 + 3907

Der Begriff „recherchieren" kommt aus dem Französischen: rechercher = suchen nach

Subtraktion

1 a)

Ole möchte sich ein Mountain-Bike kaufen. Neu kostet es 429 €. Ein gebrauchtes Fahrrad bekommt er schon für 139 €. Wie viel Geld würde Ole dadurch sparen?

b) Vergleicht die Neupreise mit denen von gebrauchten Dingen. Bildet dann ähnliche Aufgaben und löst sie gemeinsam. Stellt eure Ergebnisse aus.

Tipp: Recherchiert über Preise im Internet oder in Geschäften.

2 Schöne Päckchen: Was fällt dir auf?

a)	b)	c)	d)
54 – 23	96 – 36	82 – 45	73 – 34
540 – 230	960 – 360	820 – 450	730 – 340
5 400 – 2 300	9 600 – 3 600	8 200 – 4 500	7 300 – 3 400
■ – ■	■ – ■	■ – ■	■ – ■

3 Rechne im Kopf und kontrolliere mit der Umkehraufgabe.

4300 – 1200 = 3100   P: 3100 + 1200 =

a)	b)	c)	d)
4 300 – 1 200	6 000 – 500	4 200 – 1 300	9 800 – 8 600
6 800 – 3 200	8 000 – 600	5 500 – 2 600	9 000 – 300
7 600 – 6 300	7 000 – 400	8 300 – 4 400	9 600 – 4 800

4 Bilde Aufgabenfamilien.

a) 8 500 | 1 200 | 7 300

8 500 – 1 200 = ■   7 300 + 1 200 = ■

8 500 – 7 300 = ■   1 200 + 7 300 = ■

b) 4 300 | 6 700 | 2 400

c) 6 500 | 1 600 | 4 900

5 Schreibe stellengerecht in dein Heft und rechne.
Kontrolliere mit dem Taschenrechner.

	T	H	Z	E
	6	7	8	4
–	3	6	5	2
	■	■	■	■

a)	b)	c)
6 784 – 3 652	6 496 – 3 367	5 743 – 2 564
4 892 – 761	8 397 – 6 403	8 866 – 937
9 876 – 6 453	4 286 – 1 192	3 982 – 1 794
3 549 – 1 427	5 187 – 566	6 436 – 3 562

Multiplikation

1 a)

9	·	4	2	=		
9	·	4	0	=		
9	·		2	=		

b) Was zahlt ihr für eine SMS? Wie viele SMS verschickt ihr an einem Tag, in einer Woche, in einem Monat? Was kostet das jeweils? Vergleicht.

2 a) Bilde zu jeder Aufgabe die Tauschaufgabe. Rechne beide Aufgaben im Heft.

A	2 · 8 = 16	
	8 · 2 = 16	

A 2 · 8 B 7 · 4 C 3 · 9 D 5 · 6

E 9 · 7 F 4 · 0 G 6 · 2 H 8 · 1

b) Welche Rechnung fällt dir leichter? Begründe. Unterstreiche sie rot.

3 Schöne Päckchen: Was fällt dir auf?

a)	b)	c)	d)
8 · 4	2 · 90	7 · 6	12 · 3
80 · 4	20 · 90	7 · 60	120 · 3
800 · 4	200 · 90	7 · 600	1200 · 3

e) Erfinde gemeinsam mit einem Partner schöne Päckchen.
Rechnet sie aus und kontrolliert eure Ergebnisse gegenseitig.

4 Entscheide: Ich rechne im Kopf oder halbschriftlich. Schreibe ins Heft.

3 · 111 280 · 8 5 · 250 7 · 460 9 · 510 40 · 305 6 · 780 20 · 200

5 Berechne zuerst den Überschlag. Schreibe anschließend in dein Heft und rechne. Kontrolliere mit dem Taschenrechner.

Ü:	R:
512 ≈ 500	512 · 3
500 · 3 = 1500	1536

a)	b)	c)
512 · 3	224 · 3	262 · 4
321 · 4	306 · 4	331 · 5
643 · 2	251 · 5	121 · 8
731 · 3	325 · 3	421 · 6

6 Entscheide: Ich rechne im Kopf, schriftlich oder halbschriftlich.

★ 4 · 810 70 · 9 6 · 159 3 · 61 223 · 5 8 · 534 942 · 2 7 · 325

a) Begründe deine Entscheidungen. b) Rechne.

Division

1 a)

1	4	8	:	4	=	
1	2	0	:	4	=	
	2	8	:	4	=	

Inas Vater hat vier Hunde. Die Tiere haben einen 148 m^2 großen Auslauf. Dieser soll gerecht geteilt werden. Wie viel Platz hat dann jeder Hund?

b) Erfindet ähnliche Rechengeschichten und löst sie gemeinsam.

2 Zerlege geschickt und rechne. Kontrolliere mit der Probe.

R:	
480 : 3 = 160	
300 : 3 = 100	
180 : 3 = 60	

P:
160 · 3 = 480
100 · 3 = 300
60 · 3 = 180

a)	b)	c)
480 : 3	108 : 2	6550 : 50
540 : 3	418 : 2	8650 : 50
720 : 3	612 : 2	5800 : 50
270 : 3	526 : 2	7300 : 50

3 Bilde Aufgabenfamilien.

a) 80 | 6 | 480

80 · 6 = ▢ 480 : 80 = ▢
6 · 80 = ▢ 480 : 6 = ▢

b) 40 | 3 | 120

c) 9 | 80 | 720

d) 50 | 7 | 350

4 Schriftliche Division

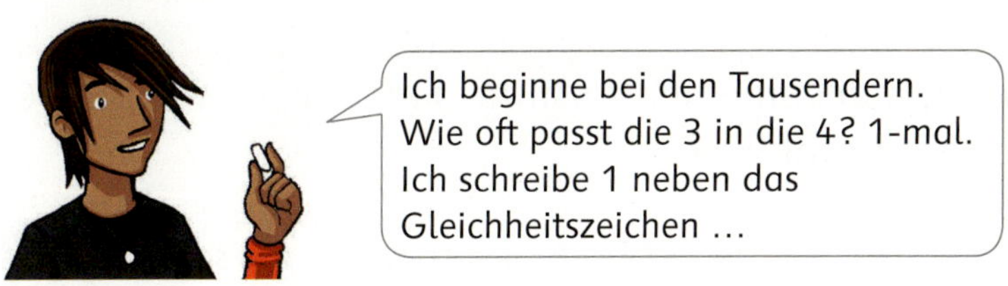

T	H	Z	E				T	H	Z	E
4	3	4	1	:	3	=	1	4	4	7
3										
1	3									
1	2									
	1	4								
	1	2								
		2	1							
		2	1							
			0							

Wie rechnet Kenan weiter? Erkläre.

5 Rechne wie Kenan. Kontrolliere mit dem Taschenrechner.

a)	b)	c)	d)
4347 : 3	5598 : 2	5592 : 4	5345 : 5
8517 : 3	9312 : 2	9540 : 4	6115 : 5
7422 : 3	7130 : 2	7584 : 4	9210 : 5

Aufgaben verstehen: Vorstellungen helfen weiter

1

Erzähle.

2 Wer stellt sich die Situation richtig vor? Erzähle.

3 Die 14 Schüler der Klasse 7a machen einen Ausflug. Jeder Schüler zahlt 8 €. Wie viel müssen sie insgesamt bezahlen?

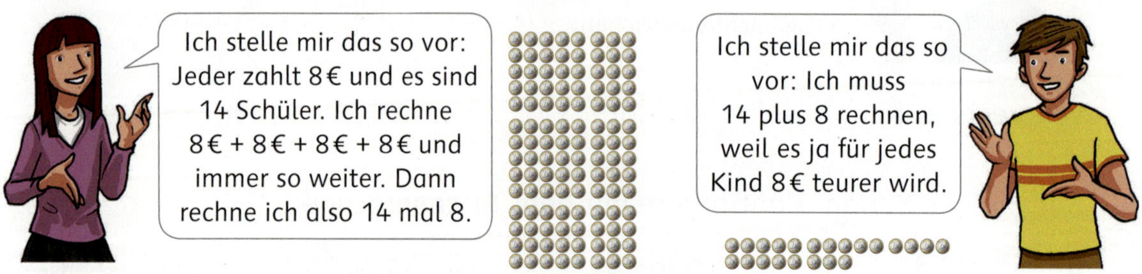

Wer hat sich die Situation richtig vorgestellt und einen passenden Rechenweg gefunden? Entscheide.

4 Das Kamel Nadja wiegt 500 kg.
Ihr Jungtier Franz wiegt 150 kg.
Wie viele kg leichter ist Franz?

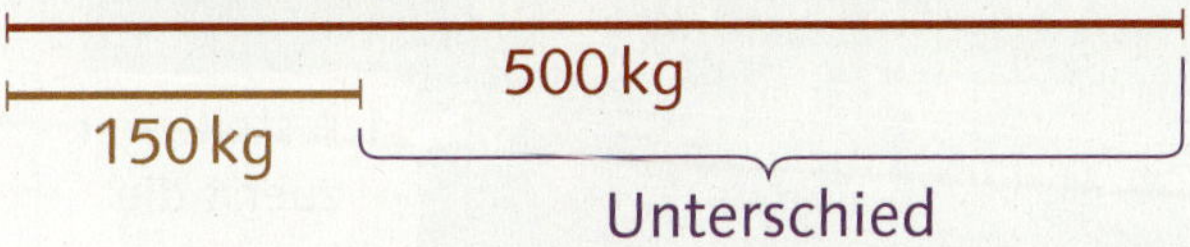

Dana hat aufgezeichnet, wie sie sich die Situation vorstellt.
Finde einen passenden Rechenweg. Schreibe die Aufgabe in dein Heft.

5 In der Aula der Fröbelschule stehen für das Schulfest viele Stühle.
Es kommen 219 Personen zum Fest.
Es gibt 15 Reihen mit Stühlen.
Jede Reihe hat 19 Stühle.
Wie viele Stühle stehen in der Aula?

Paul hat aufgezeichnet, wie er sich die Situation vorstellt.
Finde einen passenden Rechenweg.
Schreibe die Aufgabe in dein Heft.

6 Die Klassenkasse der Klasse 9 soll aufgelöst werden.
In der Kasse befinden sich 74 €. Diese sollen auf die 13 Schüler verteilt werden.
Wie viel bekommt jeder?

Anna hat aufgezeichnet, wie sie sich die Situation vorstellt.
Finde einen passenden Rechenweg. Schreibe die Aufgabe in dein Heft.

7 Fermi-Aufgabe: Wie viele Arbeitsblätter verbraucht eure Klasse in einem Monat?

Überlegt gemeinsam:
- Wie kann ich anfangen?
- Was schätze ich?
- Wie rechne ich weiter?
- Was habe ich herausbekommen?
  Kann das Ergebnis stimmen?

weitere Informationen zu Fermi-Aufgaben S. 160

Sich Sachaufgaben vorstellen und Rechenwege finden

1

a) Erzähle.

b) Warum muss sich Greta zuerst die Situation vorstellen?

2 Ein Tiger frisst 5 kg Fleisch am Tag.
Wie viel Fleisch frisst er in einem Monat?

a) Erkläre deinem Partner, wie du dir die Situation vorstellst. Du kannst dazu auch eine Skizze nutzen.

b) Findet einen passenden Rechenweg und rechnet.

3 Der Gelbseitensittich Erna wiegt 64 g.
Ihr Freund Jack wiegt 75 g.
Wie viel leichter ist Erna?

a) Erkläre deinem Partner, wie du dir die Situation vorstellst. Du kannst dazu auch eine Skizze nutzen.

b) Findet einen passenden Rechenweg und rechnet.

4 Tim bekommt von seiner Oma 20 € Taschengeld im Monat.
Er möchte jeden Tag für 1,50 € einkaufen.
Wie lange reicht das Geld?

a) Erkläre deinem Partner, wie du dir die Situation vorstellst. Du kannst dazu auch eine Skizze nutzen.

b) Findet einen passenden Rechenweg und rechnet.

5 Ihr habt nun darüber gesprochen, wie ihr euch Situationen vorstellt.

a) Beschreibt eure Erfahrungen. Welche Schwierigkeiten gab es?

b) Glaubst du, dass es hilfreich ist, über Vorstellungen zu sprechen? Begründe.

Was bedeutet das Ergebnis?

1

a) Schaut euch den Rechenweg genau an. Wer hat Recht? Begründet.

b) Warum ist es wichtig, am Ende genau zu überlegen, was das Ergebnis bedeutet? Erkläre.

2 Eine Schnecke kann in einer Minute 7 cm weit kriechen.
Wie weit könnte sie es maximal in 35 Minuten schaffen?

a) Schaut euch den Rechenweg genau an.
Kann so gerechnet werden?

b) Was bedeutet das Ergebnis?
Schreibe einen passenden Antwortsatz.

Vorstellung:

7 cm	7 cm	7 cm

und immer so weiter. Ich muss 35 davon aneinanderreihen.

Rechenweg: Ich rechne 35 · 7 cm

Rechnung:
$35 \cdot 7 = 245$
$30 \cdot 7 = 210$
$5 \cdot 7 = 35$

3 Anna, Lena, Lisa und Greta kaufen Juri zum Geburtstag eine CD.
Sie kostet 24,96 €. Wie viel muss jedes Mädchen bezahlen?

a) Erkläre deinem Partner, wie du dir die Situation vorstellst.

b) Finde einen passenden Rechenweg und rechne.

c) Was bedeutet das Ergebnis? Schreibe einen passenden Antwortsatz.

4 Fermi-Aufgabe: Wie schwer sind alle Lehrerinnen und Lehrer eurer Schule zusammen?

Überlegt gemeinsam:
- Wie kann ich anfangen?
- Was schätze ich?
- Wie rechne ich weiter?
- Was habe ich herausbekommen? Kann das stimmen?

Orientieren im Zahlenraum bis 100 000

1

A

Das Olympiastadion in Berlin hat 74 228 Plätze.

B

Das Stadion in Hannover hat 49 000 Plätze.

C

Das Stadion in Dortmund hat 80 720 Plätze.

D

Die Arena in Gelsenkirchen hat 61 673 Plätze.

Kannst du die Zahlen lesen? Lies die Sätze vor.

2 Hier ist eine Zahl gelegt. Zu welchem Bild passt das Material?

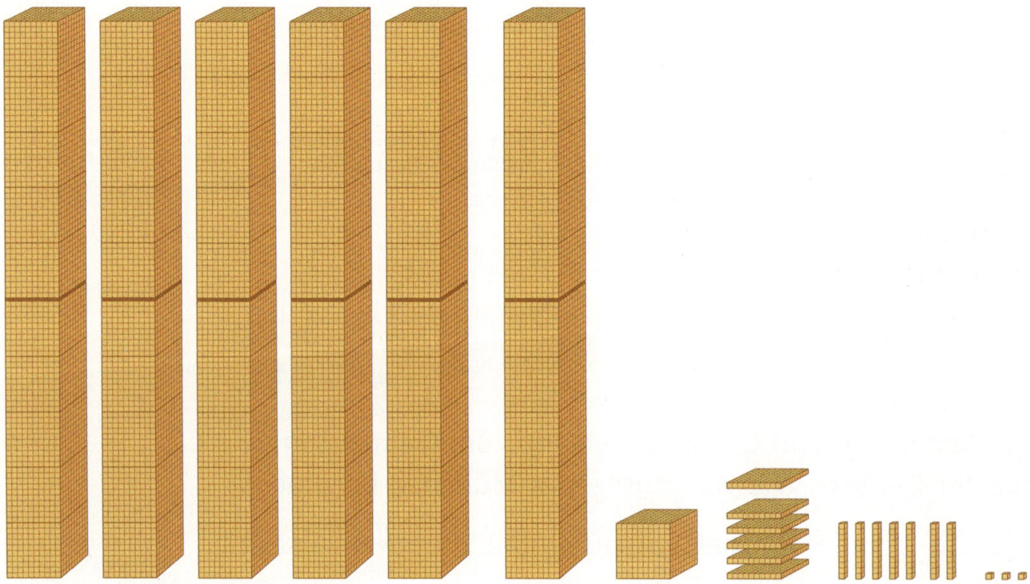

3 a) Wie viele Plätze hat das Weserstadion in Bremen?
Wo findest du diese Informationen?

b) Suche Informationen über weitere Stadien.

4 Fermi-Aufgabe: Wie viel wiegen 100 000 Reiskörner?

Arbeite mit einem Partner zusammen.
Stellt eure Ergebnisse anschließend in der Klasse vor.

nach Möglichkeit mit Material legen lassen

Orientieren im Zahlenraum bis 1 000 000

1 A

Rothaarige haben etwa 75 000 Haare.

B

Brünette haben etwa 100 000 Haare.

C

Schwarzhaarige haben etwa 110 000 Haare.

D

Blonde haben etwa 150 000 Haare.

Kannst du die Zahlen lesen? Lies die Sätze vor.

2 Schätze: Wie viele Haare sind wohl auf deinem Kopf?

3 a) Wie viele Haare hat eine Katze? Wo findest du Informationen?

b) Suche Informationen über weitere Tiere.

4 Zahlen legen kann unpraktisch sein.
Finde heraus: Wie heißt die Zahl, die hier gelegt ist?

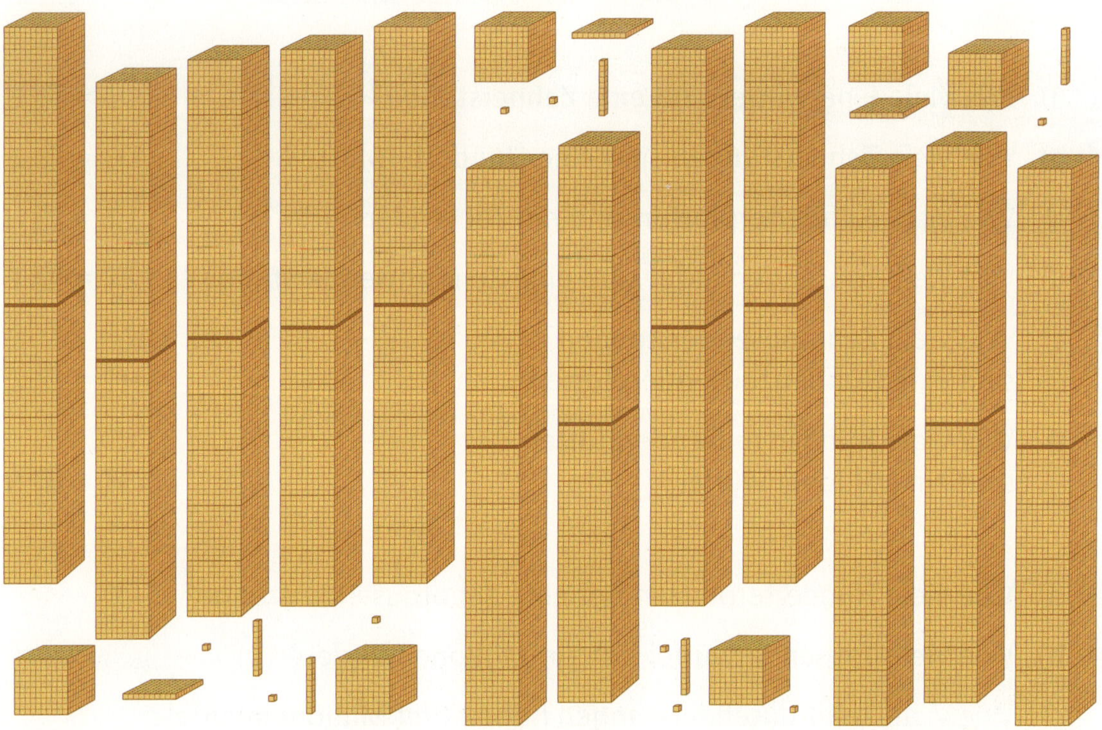

Die Zahlen in der Stellenwerttafel

Millionenwürfel

M	HT	ZT	T	H	Z	E
1	0	0	0	0	0	0

Hunderttausenderplatte

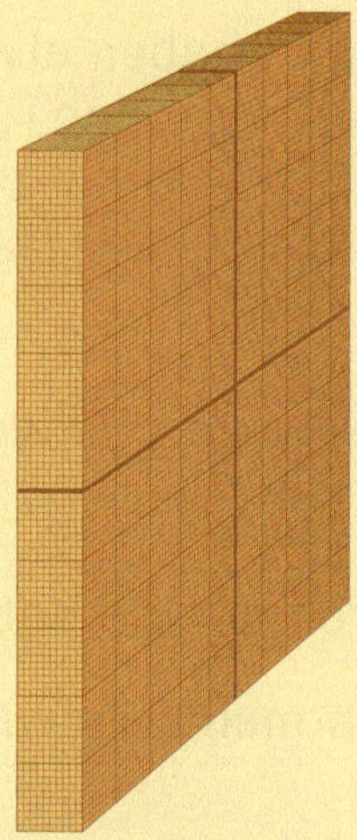

M	HT	ZT	T	H	Z	E
	1	0	0	0	0	0

Zehntausenderstange

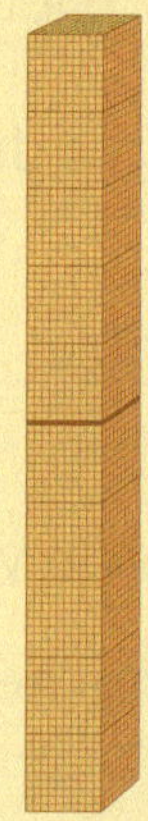

M	HT	ZT	T	H	Z	E
		1	0	0	0	0

1
a) Wie viele Einerwürfel sind eine Zehnerstange? 1 Z = ■ E
b) Wie viele Zehnerstangen sind eine Hunderterplatte? 1 H = ■ Z
c) Wie viele Hunderterplatten sind ein Tausenderwürfel? 1 T = ■ H
d) Wie viele Tausenderwürfel sind eine Zehntausenderstange? 1 ZT = ■ T
e) Wie viele Zehntausenderstangen sind eine Hunderttausenderplatte? 1 HT = ■ ZT
f) Wie viele Hunderttausenderplatten sind ein Millionenwürfel? 1 M = ■ HT

2
a) Wie viele Hunderterplatten hat eine Zehntausenderstange?
b) Wie viele Tausenderwürfel hat ein Millionenwürfel?
c) Wie viele Zehntausenderstangen haben drei Millionenwürfel?

Tausenderwürfel | Hunderterplatte | Zehnerstange | Einerwürfel

HT	ZT	T	H	Z	E
		1	0	0	0

HT	ZT	T	H	Z	E
			1	0	0

HT	ZT	T	H	Z	E
				1	0

HT	ZT	T	H	Z	E
					1

3 Sprich die Zahlen und erkläre, wie du sie legen kannst.

a)	b)	c)	d)
1 000	1 500	11 500	25 550
10 000	15 000	25 000	135 000
100 000	150 000	350 500	1 000 000
400 000	450 000	620 700	1 500 000

4 Wie viel ist eine Million?

a) Wie schwer sind eine Million 1-€-Münzen?
Eine 1-€-Münze wiegt 5 Gramm.

b) Eine Million in Geldscheinen. Wie hoch ist ein Stapel aus 10-€-Scheinen, wenn 100 Scheine 1 Zentimeter hoch sind?

c) Stellt die Ergebnisse in der Klasse vor.

d) Was würdest du dir für eine Million Euro kaufen?

Übungen mit den Stellenwerten

1 Bestimme die Zahlen. Schreibe wie Ling-Ling in dein Heft.

a) 700 000 + 30 000 + 9 000 + 400 + 80 + 3

b) 500 000 + 70 000 + 8 000 + 400 + 10 + 6

c) 300 000 + 90 000 + 7 000 + 600 + 90 + 1

d) 800 000 + 40 000 + 6 000 + 300 + 70 + 9

2 Zerlege diese Zahlen wie in Aufgabe 1. Schreibe in dein Heft.

a)	b)	c)	d)	e)
532 882	895 648	873 495	123 456	650 300
475 627	773 281	72 897	543 210	65 003
386 129	291 358	44 444	437 800	65 030
958 736	627 364	1 928	250 000	600 530

3 So ein Durcheinander! Ordne und notiere.

70000 + 800000 + 3000 + 500 + 80 + 9 =

M	HT	ZT	T	H	Z	E
	8	7	3	5	8	9

a) 70 000 + 800 000 + 3 000 + 500 + 80 + 9

b) 50 000 + 300 000 + 400 + 40 + 6 000 + 1

c) 6 000 + 300 + 70 000 + 90 + 2 + 900 000

d) 80 000 + 7 000 + 400 000 + 200 + 80 + 3

4 Trage in die Stellenwerttafel ein. Was fällt dir auf?

a) 800 000 + 20 000 + 6 000 + 800 + 7
400 000 + 30 000 + 1 000 + 60 + 5

b) 900 000 + 70 000 + 8 000 + 50
300 000 + 8 000 + 200 + 90 + 6

5 a) Erzähle.

b) Schreibe die Zahlen mit und ohne Lücke. Was fällt dir auf?

6 Schreibe wie Noah in dein Heft.

a)

HT	ZT	T	H	Z	E
•••••••	•••	••••••	•••••	•••••••••	••••

b)

HT	ZT	T	H	Z	E
••••	••••••	•••••••••	•••	•	••••••••

c)

HT	ZT	T	H	Z	E
	•••••••••	••	•••••	••••••••	•

d)

HT	ZT	T	H	Z	E
	•••	••••••••	•••	•••••••••	••••••

7 Wie heißen diese Zahlen? Schreibe in dein Heft. Achte auf die Lücke.

a)
5 HT + 8 ZT + 1 T + 2 H + 7 Z + 9 E
3 HT + 6 ZT + 2 T + 0 H + 6 Z + 3 E
4 HT + 9 ZT + 8 T + 9 H + 2 Z + 7 E
8 HT + 4 ZT + 0 T + 6 H + 6 Z + 1 E

b)
7 HT + 9 ZT + 8 T + 5 H + 4 Z + 7 E
6 HT + 1 ZT + 8 T + 4 H + 5 Z + 9 E
2 HT + 8 ZT + 5 T + 0 H + 3 Z + 4 E
9 HT + 5 ZT + 3 T + 4 H + 7 Z + 6 E

8 Wie heißen diese Zahlen? Schreibe in dein Heft.

a)
5 HT + 3 ZT + 7 H + 4 Z + 8 E
2 HT + 7 T + 6 H + 3 Z + 4 E
4 ZT + 8 T + 4 H + 1 Z + 3 E
1 HT + 4 ZT + 2 T + 6 H + 1 E

b) ★
3 ZT + 1 HT + 8 H + 7 T + 6 E
4 H + 8 T + 1 HT + 2 Z + 2 ZT
2 E + 3 ZT + 6 Z + 4 HT + 8 H
8 T + 6 H + 7 ZT + 4 E + 6 Z

9 Suche dir einen Partner und diktiere ihm Zahlen. Dein Partner schreibt auf. Kontrolliert euch gegenseitig. Wechselt euch ab.

Zahlen bündeln

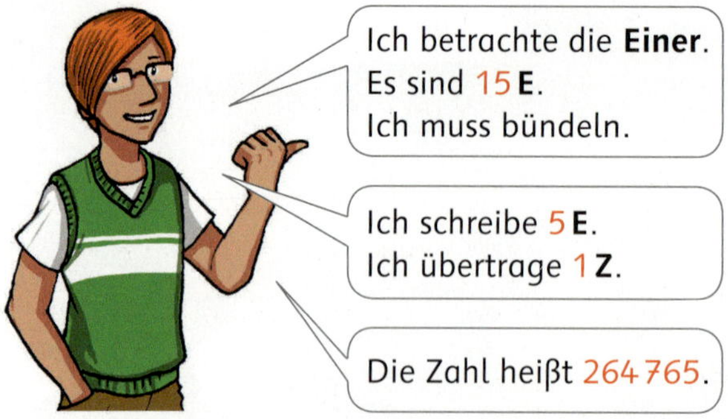

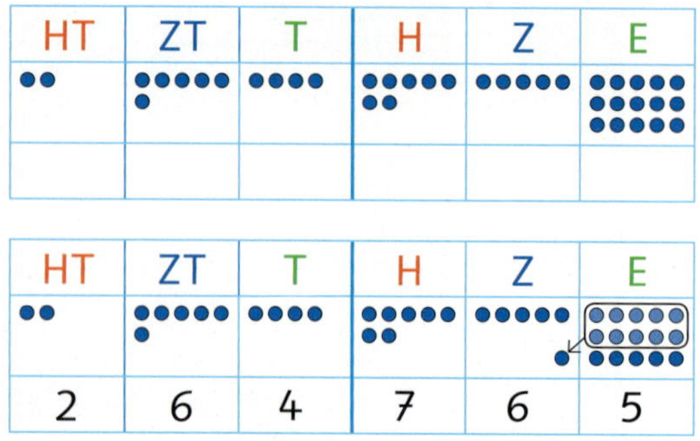

1 Lege mit Plättchen nach. Bündele wie Paul und schreibe in dein Heft.

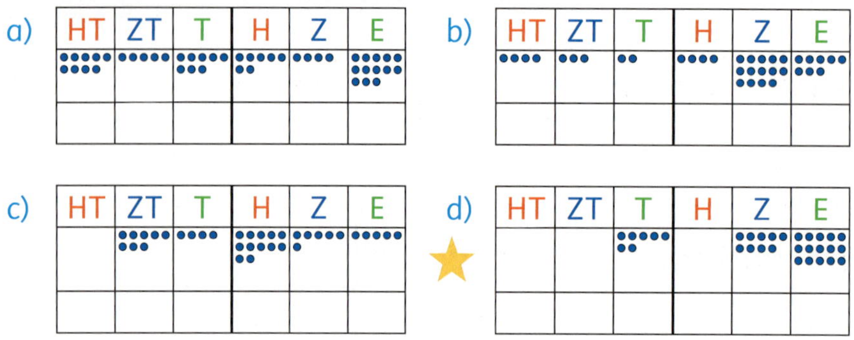

2 Wie heißen diese Zahlen? Nutze die Stellenwerttafel.
Schreibe die Zahlen in dein Heft.

a) 8 ZT + 4 T + 6 H + 5 Z + 17 E
5 ZT + 8 T + 10 H + 8 Z + 9 E
3 ZT + 19 T + 4 H + 0 Z + 1 E
9 ZT + 1 T + 0 H + 16 Z + 5 E

b) 4 ZT + 8 T + 0 H + 12 Z + 0 E
9 ZT + 1 T + 18 H + 0 Z + 0 E
8 ZT + 14 T + 0 H + 1 Z + 3 E
2 ZT + 2 T + 0 H + 0 Z + 16 E

3 Vergleiche immer zwei Zahlen. Setze die Zeichen <, > oder = ein.

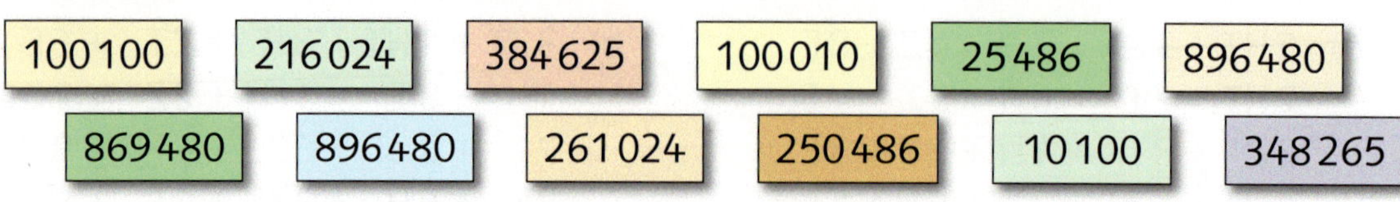

4 ★ Wähle immer drei Zahlen aus Aufgabe 3. Ordne sie der Größe nach.
Beginne mit der kleinsten Zahl.

Der Zahlenstrahl

1 Wie heißen die markierten Zahlen? Sprich die Zahlen und schreibe sie auf.

a)

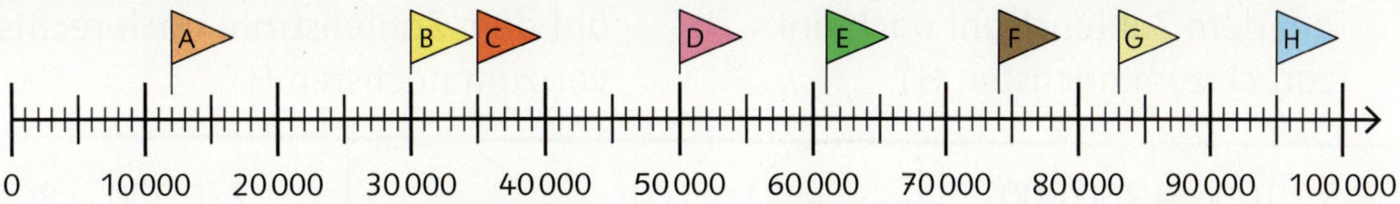

b) ★

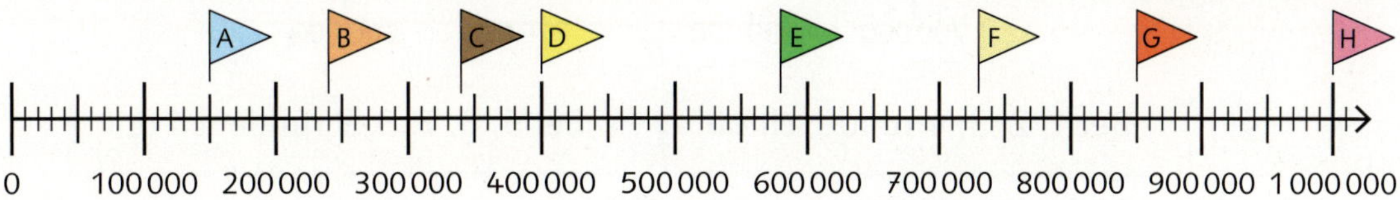

2 Zeige auf dem Zahlenstrahl und zähle vorwärts und rückwärts.

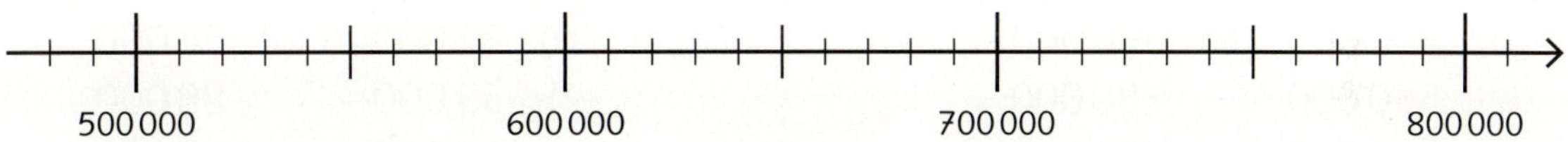

a) 500 000, 550 000, 600 000, …, 800 000

b) 720 000, 700 000, 680 000, …, 560 000

c) 580 000, 620 000, 660 000, …, 780 000

3 Ergänze zum nächsten Hunderttausender.

a) 590 000 + ■ = 600 000
510 000 + ■ = 600 000
560 000 + ■ = 600 000

b) 760 000 + ■ = 800 000
730 000 + ■ = 800 000
790 000 + ■ = 800 000

4 Ordne. Verwende das Zeichen >.

510 000 | 780 000 | 620 000 | 590 000 | 600 000 | 710 000 | 660 000 | 770 000

5 Finde die Nachbarzehntausender. Schreibe jeweils die drei Zahlen in dein Heft.

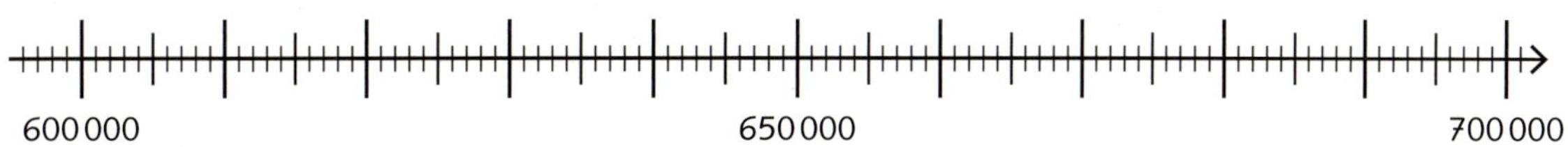

a) ■, 665 000, ■
■, 685 000, ■
■, 623 000, ■

b) ■, 634 000, ■
■, 676 000, ■
■, 619 000, ■

c) ★ ■, 693 000, ■
■, 609 000, ■
■, 600 000, ■

Runden

Abrunden zum Hunderttausender
Du gehst bei den Zehntausendern auf dem Zahlenstrahl nach links, zurück zum nächsten HT.

Aufrunden zum Hunderttausender
Du gehst bei den Zehntausendern auf dem Zahlenstrahl nach rechts, vor zum nächsten HT.

730 000 ≈ 700 000

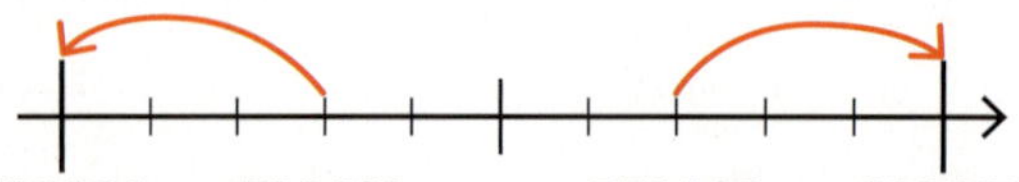

770 000 ≈ 800 000

Bei 1, 2, 3, 4 runde ich ab.

Bei 5, 6, 7, 8, 9 runde ich auf.

1 Runde zum Hunderttausender.

a)	b)
840 000	350 000
560 000	780 000
820 000	950 000
110 000	270 000

2 Runde zum Zehntausender.

a)	b)
72 000	54 000
33 000	88 000
45 000	76 000
17 000	99 000

3 Runde zum Tausender.

a)	b)	c)
9 600	7 500	6 900
5 300	4 700	3 900
2 100	1 800	8 400
3 500	3 200	9 900

4 ★ Runde zum Hunderttausender.

a)	b)
903 500	609 800
708 950	210 300
440 700	300 900
590 100	809 000

5 Schreibe jeweils mindestens drei Zahlen in dein Heft, die …

a) aufgerundet diese Zahlen ergeben:
200 000, 500 000, 700 000, 800 000

b) abgerundet diese Zahlen ergeben:
300 000, 400 000, 600 000, 900 000

Greta: 180000 ≈ 200000
≈ 200000

Tim: 189000 ≈ 200000
≈ 200000

6 Würfle mit sechs Würfeln und bilde aus den Augenzahlen eine sechsstellige Zahl. Dein Partner rundet diese Zahl. Du überprüfst. Wechselt euch ab.

Rechnen mit dem Taschenrechner

1 Welche Aufgaben sind richtig gerechnet?
Überprüfe durch Überschlagen und mit dem Taschenrechner.
Welche Aufgaben lassen sich gut durch Überschlagen prüfen? Begründe.

345 719 + 578 429 = 92 608

748 756 − 648 256 = 100 500

486 345 + 357 876 = 844 221

524 769 : 12 = 43 736

800 · 100 = 80 000

940 941 − 718 868 = 222 073

748 203 + 108 684 = 866 888

509 249 − 308 321 = 300 928

924 · 9 = 8 316

60 000 : 10 = 6 000

2 Erzähle.

a) Was bedeutet die Zahl vor dem Punkt?

b) Was bedeutet die Zahl nach dem Punkt?

c) Was bedeutet der Punkt?

Der Taschenrechner zeigt einen Punkt und wir schreiben ein Komma.

3 Berechne mit dem Taschenrechner.

a)	b)	c)
683,2 + 873,6	567,12 + 8 893,67	8 477,6 · 112,1
728,3 + 954,2	769,46 − 338,37	18 386,88 : 143,2
6 348,2 + 2 765,5	3 699,73 + 3 112,41	10 428,25 · 95,38
175,5 + 6 988,5	26 880,53 − 4 256,25	73 755,64 : 5 268,26

14 128,4 431,09 1 556,8 1 682,5 4 228,4 6 812,14 7 164 9 113,7 9 460,79 22 624,28 950 338,96 994 646,48

Spitze, rechte und stumpfe Winkel

1 Verwende eine Winkelscheibe.
Übertrage die Merksätze in dein Heft und ergänze.

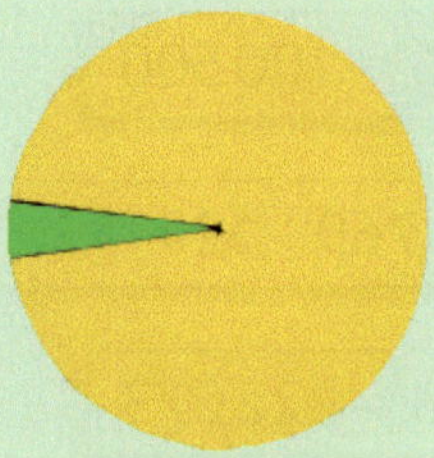

Ein spitzer Winkel ist ■ als ein rechter Winkel.

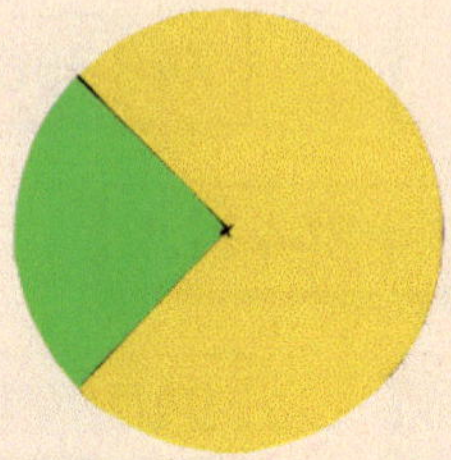

Ein rechter Winkel misst genau ■°.

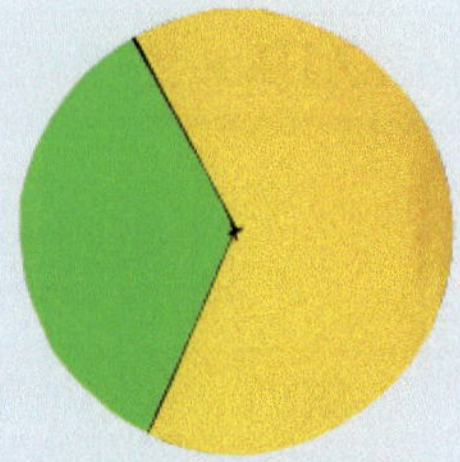

Ein stumpfer Winkel ist ■ als ein rechter Winkel.

2 A

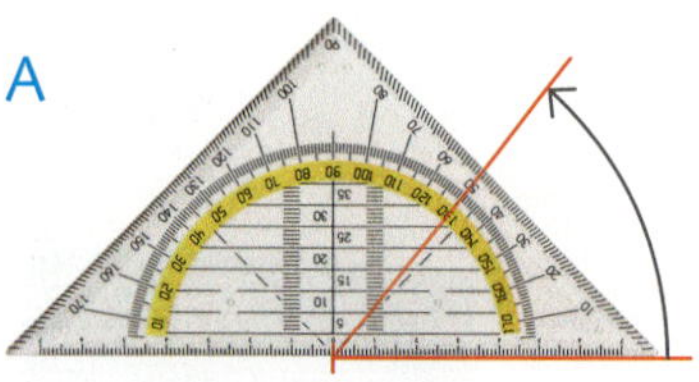

B

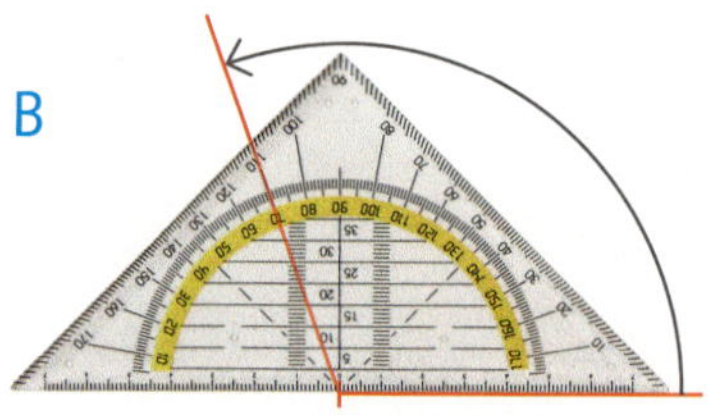

C

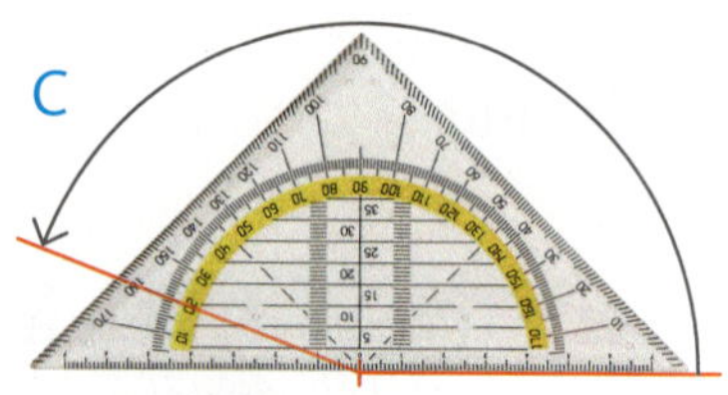

a) Lies die Winkel ab.

b) Schreibe so in dein Heft: Winkel A ■°

3 Entscheide: spitzer, rechter oder stumpfer Winkel?
Miss danach den Winkel genau.

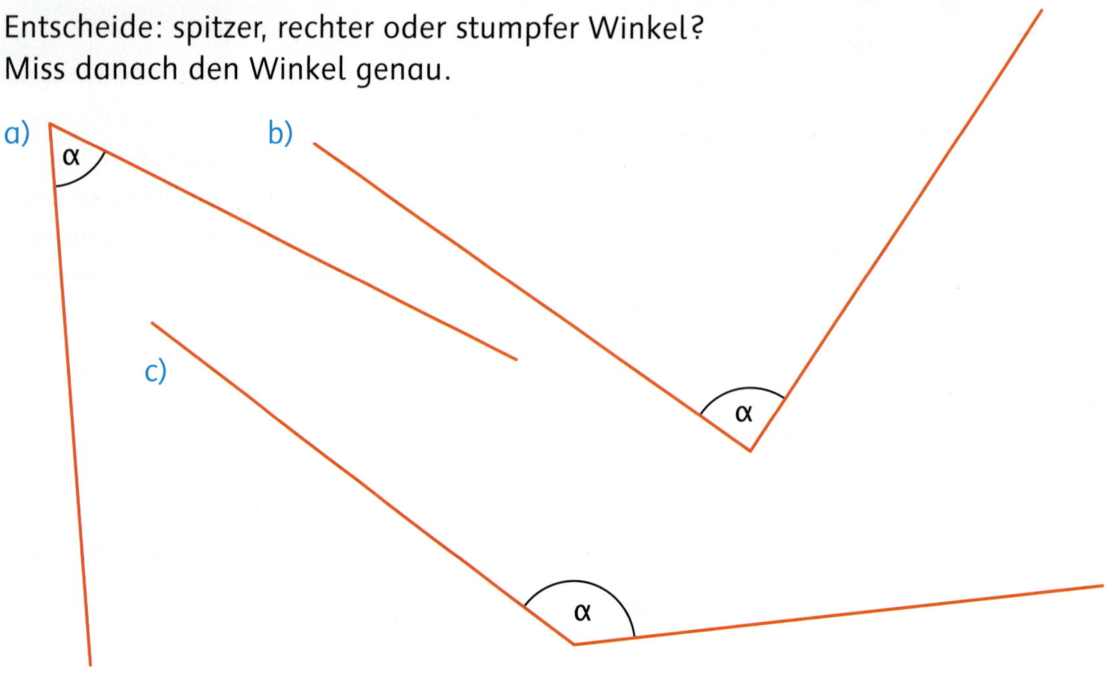

Die Gradscheibe

360° .... 270° .... 180° .... 90° .... 0°

1 Das hat Lena gesehen, als sie sich einmal um sich selbst gedreht hat. Erzähle.

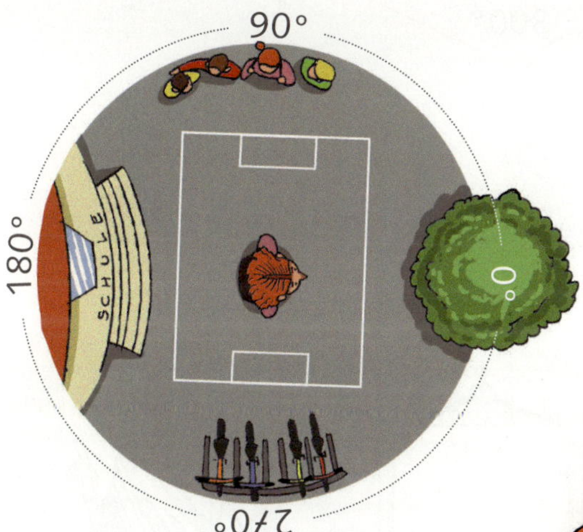

Ein Kreis ist in 360 Abschnitte eingeteilt, die Grad genannt werden.
Man schreibt: 360°
Man spricht: „360 Grad“

2 Was siehst du, wenn du dich einmal um dich selbst drehst?

3 Zeige auf der Gradscheibe.

a) 360°, 270°, 180°, 90°, 50°

b) 55°, 185°, 215°, 295°, 335°

c) 73°, 194°, 258°, 312°, 354°

d) Wo findest du auf der Gradscheibe die 0°?

e) Finde eigene Aufgaben. Lass Mitschüler antworten.

hierzu Angebote in den Kopiervorlagen nutzen

Winkel zeichnen

1 Zeichne die Winkel.

a) α = 300°

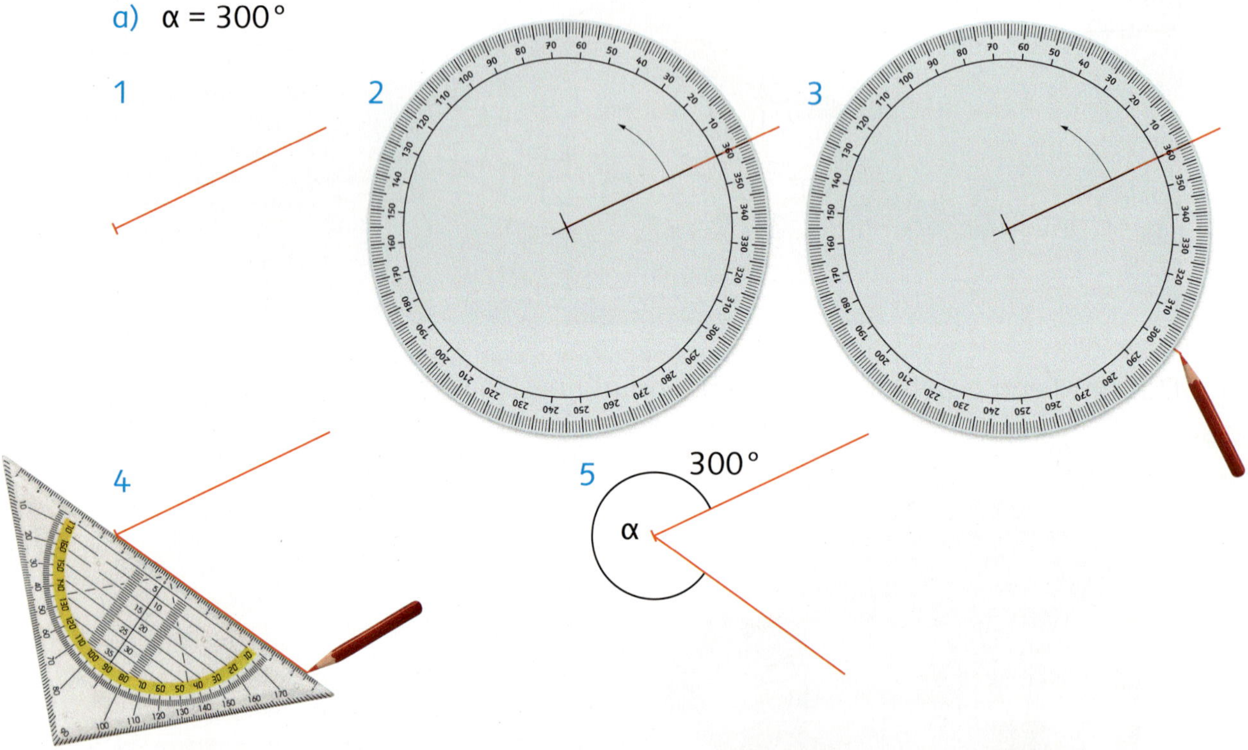

b) 100°, 150°, 170°, 185°

c) 200°, 270°, 295°, 306°

d) 299°, 333°, 357°, 360°

2 Zeichne und beschrifte die Winkel.

a) α = 75°, β = 112°, γ = 157°

b) α = 324°, γ = 219°, δ = 180°

c) β = 190°, δ = 137°, ε = 233°

d) ε = 57°, γ = 188°, β = 279°

Winkelarten erkennen

1 Vier besondere Winkel.
Erzähle.

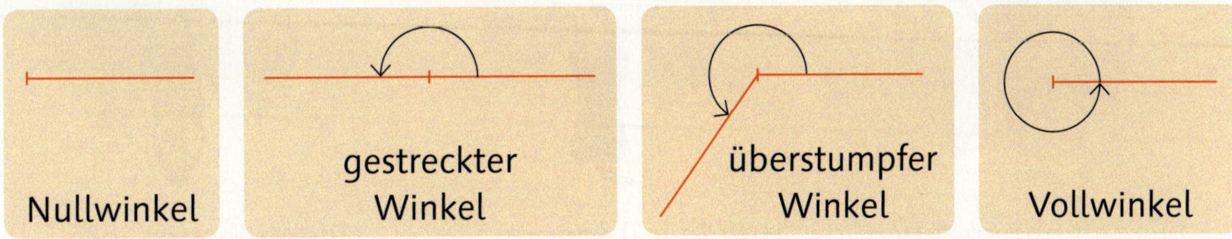

2 Ordne zu. Übertrage in dein Heft:
Winkel, Winkelart und Winkelgröße.
Beginne mit A.
Wie heißt das Lösungswort?

Winkel	Winkelart	Winkelgröße
A	R Nullwinkel	W 0°
B	…	…

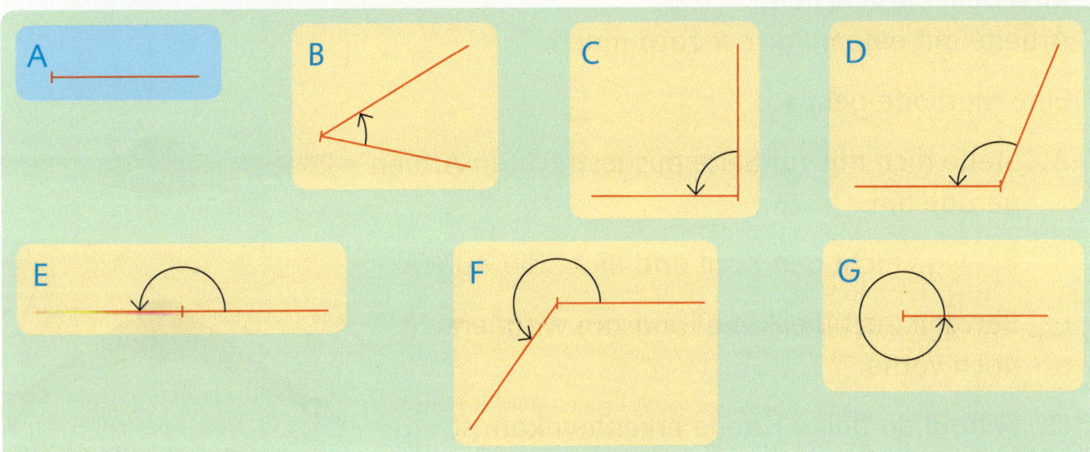

H stumpfer Winkel

E spitzer Winkel

R Nullwinkel

C rechter Winkel

T gestreckter Winkel

E überstumpfer Winkel

R Vollwinkel

N 90°

K >90° bis <180°

W 0°

! 360°

E 180°

I >0° bis <90°

L >180° bis <360°

Projekt: Mein Gesichtsfeld

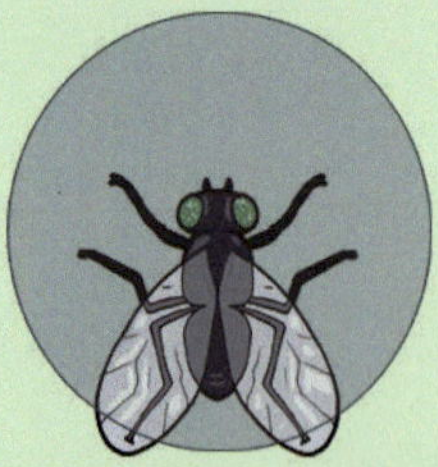

Fliegen haben durch ihre Facettenaugen ein Gesichtsfeld von fast 360°.

Hunde mit langen Nasen, deren Augen seitlich am Kopf sitzen, haben ein Gesichtsfeld von etwa 250°.

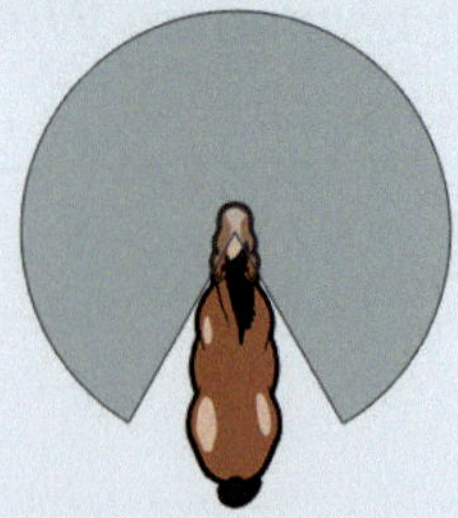

Pferde haben ihre Augen an den Seiten des Kopfes, daher ist ihr Gesichtsfeld etwa 300° weit.

1 Miss dein Gesichtsfeld.
Arbeite mit einem Partner zusammen.

Eine Methode geht so:

A. Stelle dich mit zur Seite ausgestreckten Armen gerade hin.

B. Bewege nicht den Kopf und nicht die Augen.

C. Bewege jetzt die Arme langsam waagerecht nach vorne.

D. Sobald du deine Hände erkennen kannst, halte an.

E. Dein Partner nimmt jetzt den Tafelzirkel, hält den Scheitelpunkt des Zirkels an deine Nase und kann jetzt die Schenkel des Zirkels auf deine Arme einstellen.
Miss den Winkel mit dem Tafelgeodreieck.

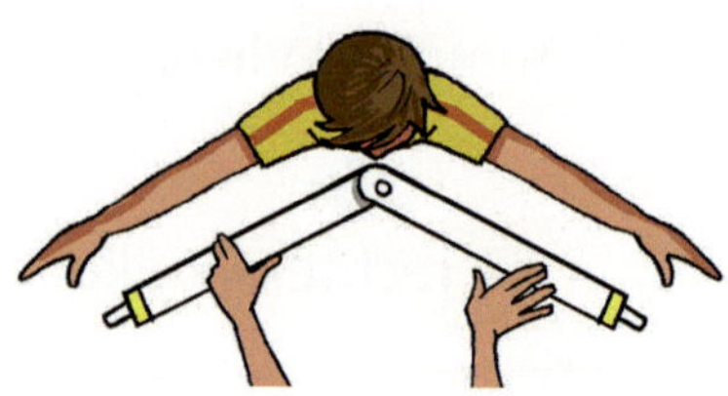

2 Im Internet ist angegeben, dass das Gesichtsfeld des Menschen 180° bis 200° beträgt. Vergleicht die Angaben mit euren Ergebnissen.

3 Recherchiere im Internet:
Wie groß sind die Gesichtsfelder anderer Lebewesen?

Winkel-Nachbarn

1 Bei einem Winkel kann man die Innenseite und die Außenseite ausmessen.

a) Welche Winkelart ist α? Welche Winkelart ist β?

b) Wie groß ist α? Wie groß ist β?

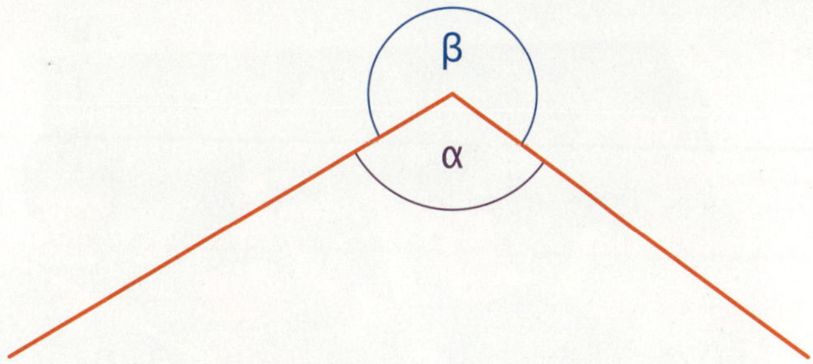

2 a) Suche dir einen Partner. Zeichnet beide einen Winkel und messt einen der entstandenen Winkel. Tragt die Winkelgröße ein. Tauscht nun die Blätter. Jeder misst den anderen Winkel und trägt die Größe ein. Addiert die beiden Ergebnisse.

b) Zeichnet weitere Winkel und messt sie aus. Probiert auch besondere Winkel.

c) Sammelt eure Arbeitsblätter auf einem Plakat. Was fällt euch auf?

3 Stimmt das, was Anna sagt? Überlegt gemeinsam.

4 Nenne einen Winkel. Dein Partner nennt den Winkel-Nachbarn.

Wiederholung

1

a) Bildet viele verschiedene Dreiecke.

b) Legt mit den Dreiecken Muster.

c) Vergleicht die Dreiecke miteinander.

d) Sucht Dreiecke in der Umwelt.

2 Merkmale des Dreiecks

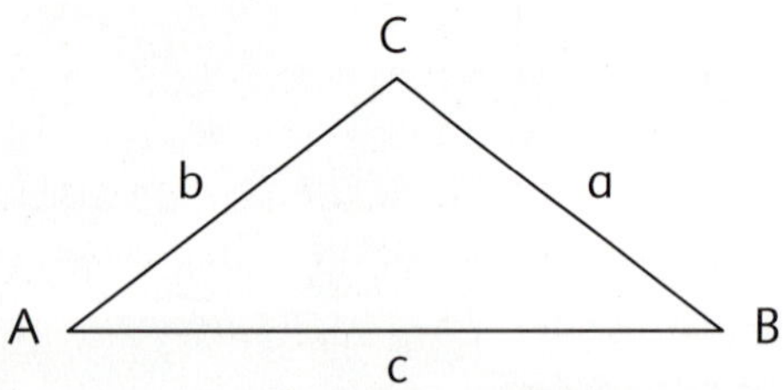

Die Ecken des Dreiecks werden mit großen Buchstaben bezeichnet: A, B, C
Die Seiten des Dreiecks werden mit kleinen Buchstaben bezeichnet: a, b, c
Seite a liegt gegenüber von Ecke A,
Seite b liegt gegenüber von Ecke B,
Seite c liegt gegenüber von Ecke C.

Schreibe einen Steckbrief zum Dreieck in dein Heft. Ein Partner kontrolliert.

3 Umfang des Dreiecks

Der Umfang des Dreiecks wird durch Addieren der Seitenlängen bestimmt.

$$u_{\triangle} = a + b + c$$

Berechne die Umfänge.

$u_{\triangle}$	=	a		+	b		+	c	
$u_{\triangle}$	=	5	cm	+	7	cm	+	4	cm
$u_{\triangle}$	=			cm					

a) a = 5 cm, b = 7 cm, c = 4 cm

b) a = 9 cm, b = 7 cm, c = 9 cm

c) a = 7 cm, b = 10 cm, c = 4,5 cm

d) a = 47 mm, b = 43 mm, c = 35 mm

Dreiecke konstruieren

1 Wenn du die Länge der drei Seiten eines Dreiecks kennst, kannst du es mit Bleistift, Lineal und Zirkel zeichnen.
Überlegt, wie Dreiecke konstruiert werden könnten.

2 Konstruiere ein Dreieck mit den Seitenlängen a = 6 cm, b = 3 cm, c = 7 cm.

1 Zeichne mit dem Lineal die Seite c und beschrifte sie.

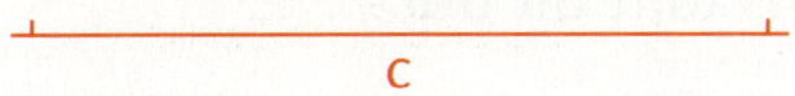

2 Markiere die Punkte A und B.

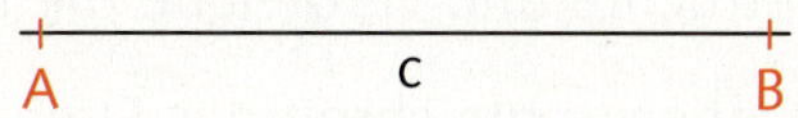

3 Stelle den Zirkel auf die Länge der Seite b ein.

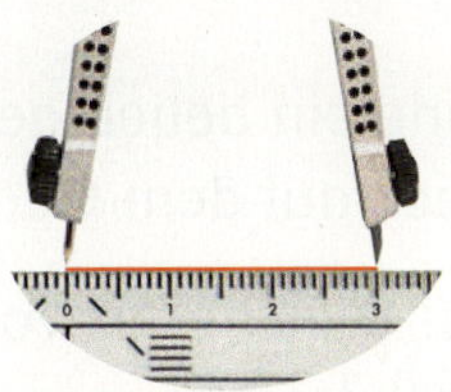

4 Schlage einen kurzen Kreisbogen um A. Auf ihm wird C liegen.

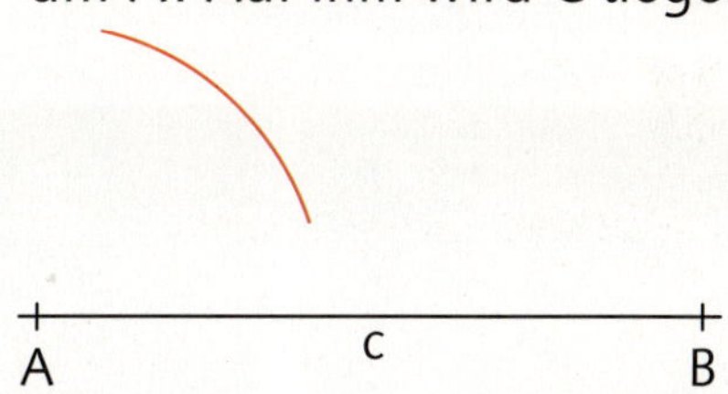

5 Stelle den Zirkel auf die Länge der Seite a ein.

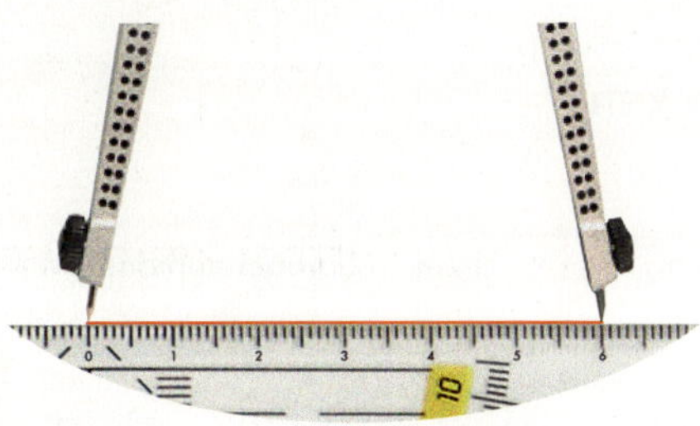

6 Schlage um B einen Kreisbogen, der den ersten Bogen schneidet. Dieser Schnittpunkt ist C.

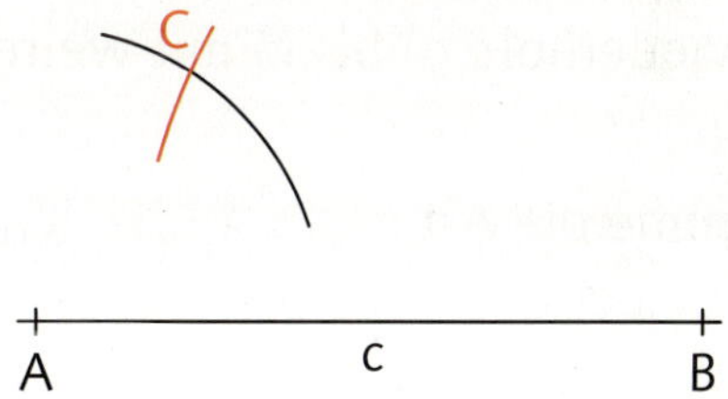

7 Verbinde die Punkte A und C sowie B und C.

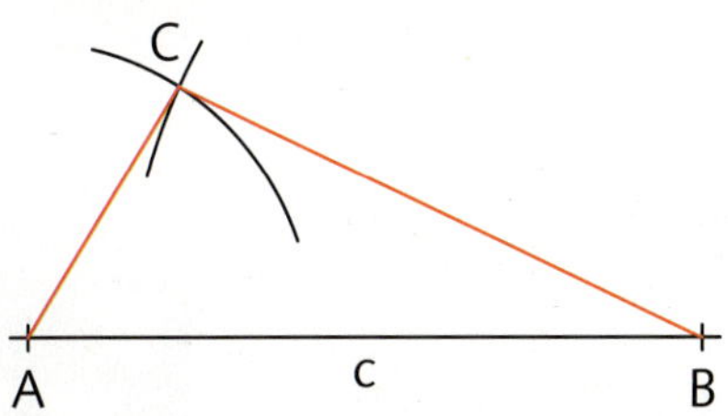

8 Beschrifte die Seiten a und b.

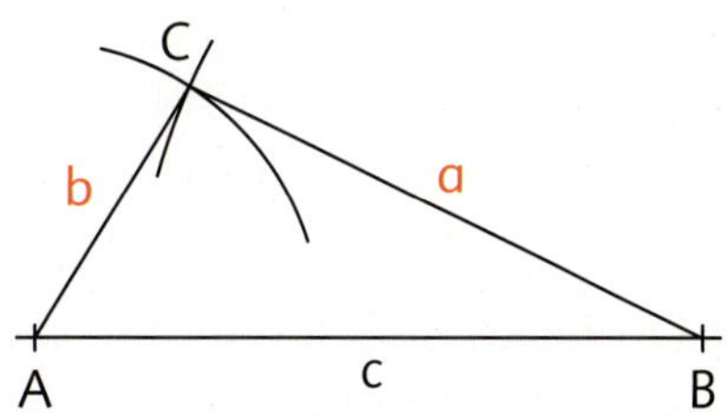

3 Konstruiere die Dreiecke von Seite 30, Aufgabe 3 mit Zirkel und Lineal.

Verschiedene Dreiecke

1 Dreiecke lassen sich nach ihren Seiten einteilen.

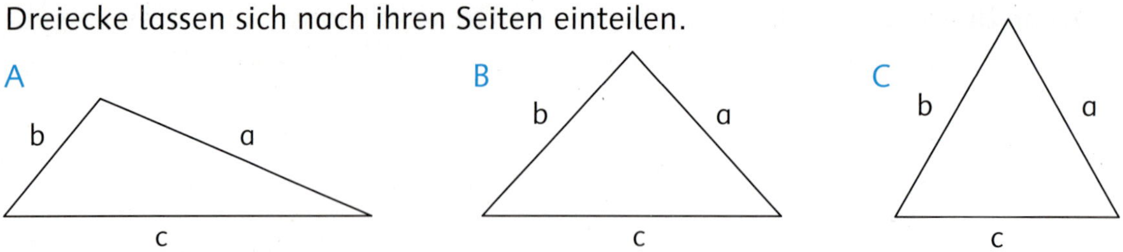

a) Betrachte und vergleiche die Dreiecke. Was fällt dir auf?

b) Ordne zu: gleichseitiges Dreieck, gleichschenkliges Dreieck, unregelmäßiges Dreieck

c) Schreibe zu jedem Dreieck einen Merksatz in dein Heft.

2

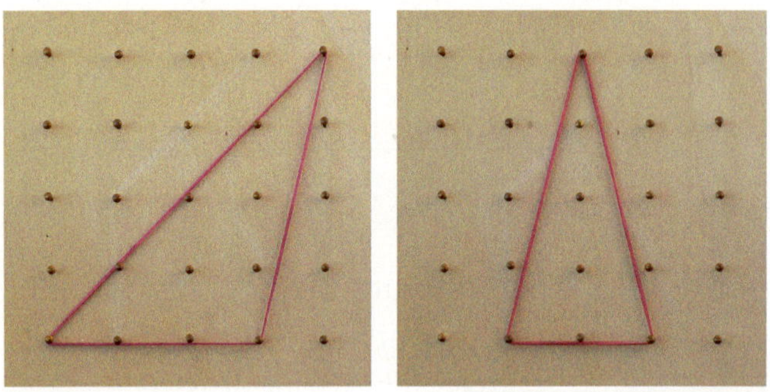

a) Spanne ein beliebiges Dreieck auf dem Geobrett.

b) Prüfe: Welche Art von Dreieck hast du gespannt?

c) Miss das Dreieck aus und konstruiere es im Heft.

d) Wiederhole a) bis c) mit weiteren Dreiecken.

3 Bestimme die Art des Dreiecks.

a) a = 3 cm, b = 4 cm, c = 6 cm unregelmäßiges Dreieck

a)	b)	c)	d)	e)
a = 3 cm	a = 5 cm	a = 9 cm	a = 7 cm	a = 3 cm
b = 4 cm	b = 5 cm	b = 7 cm	b = 10 cm	b = 3 cm
c = 6 cm	c = 7 cm	c = 9 cm	c = 4 cm	c = 3 cm

4 Konstruiere die Dreiecke aus Aufgabe 3 mit Lineal und Zirkel. Vergleiche mit einem Partner.

5 Faltet Dreiecke und schneidet sie aus.
Bestimmt: gleichseitiges Dreieck, gleichschenkliges Dreieck, unregelmäßiges Dreieck
Legt und klebt Muster mit den Dreiecken.

Faltanleitungen zu Aufgabe 5 in den Handreichungen

Winkel im Dreieck

1 Dreiecke lassen sich nach ihren Winkeln einteilen.
Ein Dreieck hat drei Winkel. Sie werden mit α, β und γ bezeichnet.

A

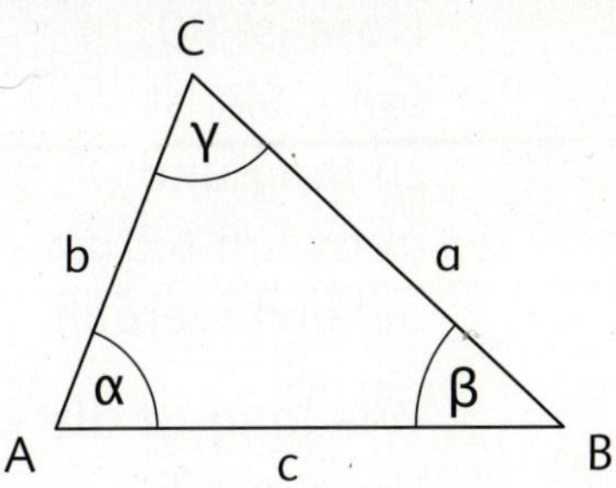

B

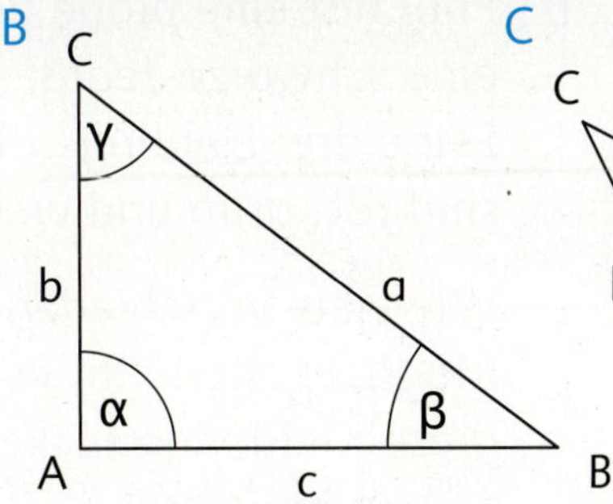

C

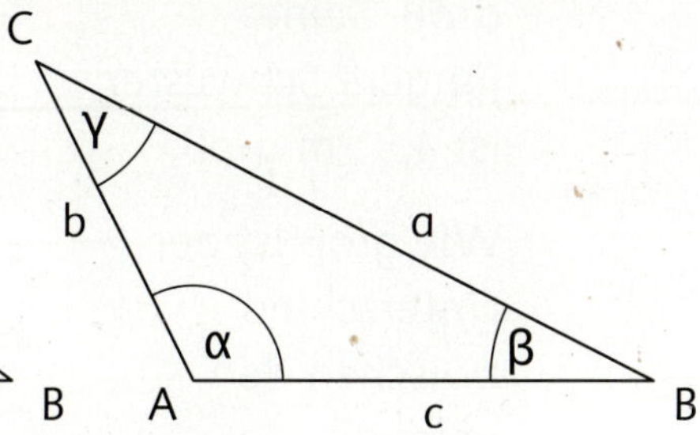

a) Betrachte und vergleiche die Dreiecke. Was fällt dir auf?

b) Ordne zu: rechtwinkliges Dreieck, stumpfwinkliges Dreieck, spitzwinkliges Dreieck

c) Schreibe zu jedem Dreieck einen Merksatz in dein Heft.

d) Übertrage den Merksatz in dein Heft und ergänze.
Der Winkel α liegt am Eckpunkt ■, Winkel β liegt am Eckpunkt ■ und Winkel γ liegt am Eckpunkt ■.

2 Wie wird dieses Dreieck konstruiert?
c = 8 cm, b = 6 cm, α = 90°

a) Beratet euch in der Gruppe. Überlegt, welche Hilfsmittel ihr benötigt.

b) Schreibt eine Anleitung wie auf Seite 31. Zeichnet das Dreieck.

c) Stellt eure Wege und Ergebnisse vor.

3 Bestimme die Art des Dreiecks.

a) b = 6 cm, c = 10 cm, α = 90° rechtwinkliges Dreieck

a)	b)	c)	d)	e)
b = 6 cm	b = 4 cm	b = 7,5 cm	b = 5,5 cm	b = 4,5 cm
c = 10 cm	c = 4 cm	c = 8,5 cm	c = 5,5 cm	c = 6 cm
α = 90°	α = 90°	α = 60°	α = 70°	α = 110°

4 Konstruiere die Dreiecke aus Aufgabe 3 mit Geodreieck und Zirkel.
Vergleiche mit einem Partner. Überprüfe deine Ergebnisse von Aufgabe 3.

Aufgaben verstehen: Skizzen helfen weiter

1 Welche Skizze gehört zu welcher Sachaufgabe? Begründe.

A Noah ist 1,57 m groß. Seine jüngere Schwester ist 1,35 m groß.
Wie groß ist der Unterschied zwischen den beiden?

B Paul hat eine blaue und eine schwarze Jeans. Seine drei Lieblingsshirts sind rot, grün und weiß.
Wie viele verschiedene Möglichkeiten gibt es, diese Kleidungsstücke zu kombinieren?

C Gretas neue Hose ist 90 cm lang. Sie ist zu lang und muss um 6,5 cm gekürzt werden.
Wie lang ist die Hose nun?

1 

2 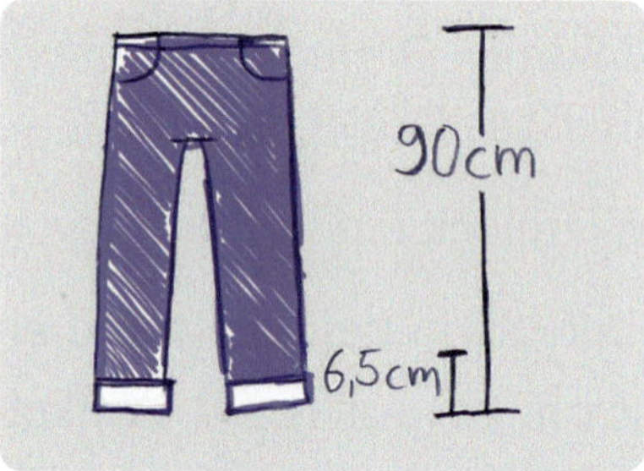

3 

2 Fertige zu jeder Sachaufgabe eine Skizze an. Erkläre deine Skizze.

a) Eine Kreuzotter wird etwa 80 cm lang.
Eine Ringelnatter wird dagegen 140 cm lang.
Wie groß ist der Unterschied zwischen beiden Schlangenarten ungefähr?

b) Ina hat drei Paar Handschuhe in den Farben Schwarz, Rot und Lila und vier Schals in Blau, Rot, Gelb und Weiß.
Wie viele verschiedene Möglichkeiten hat sie, Handschuhe und Schals miteinander zu kombinieren?

3 Schreibe zu jeder Skizze eine passende Sachaufgabe in dein Heft.

a) 

b) 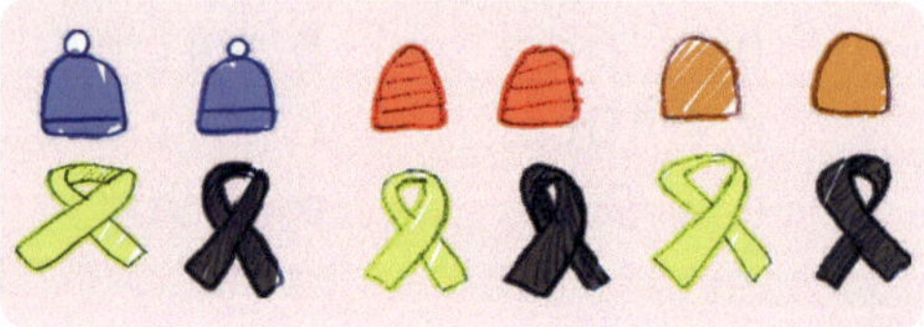

Aufgaben verstehen: Genaues Lesen hilft weiter

1 Was musst du rechnen? Welche Angaben haben dir geholfen?

a) Dana schafft beim Weitsprung 3,15 m. Ling-Ling springt 3,72 m.
Wie viele Zentimeter ist Ling-Ling weiter gesprungen?

b) Der 13-jährige Juri bekommt pro Monat 20 € Taschengeld.
Davon spart er 5 €. Wie viel Geld hat er nach einem Jahr gespart?

2 Finde zu jeder Sachaufgabe eine passende Frage und eine Scherzfrage.

a) Ein Reisebus startet mit 78 Urlaubern. An einem Zwischenstopp steigen 31 Urlauber aus und 25 neue Urlauber steigen ein.

b) Herr Schulz fährt von Montag bis Freitag jeden Tag 40 km zur Arbeit.
Am Abend fährt er die gleiche Strecke wieder zurück.

3 Welcher Hefteintrag passt zur Frage? Begründe.

Im Garten von Bauer Schmidt stehen 40 Apfelbäume, 25 Birnbäume und 35 Kirschbäume. Die Apfelernte war in diesem Jahr sehr gut:
Von jedem Apfelbaum konnte er etwa 20 kg Äpfel pflücken.

Wie viele Kilogramm Äpfel hat er insgesamt geerntet?

1
R: 40 + 25 + 35 = 100
A: Bauer Schmidt hat 100 Bäume
in seinem Garten.

2
R: 40 · 20 = 800
A: Bauer Schmidt hat 800 kg
Äpfel geerntet.

4 Erzähle.

Familie Funke fährt im Urlaub mit dem Wohnmobil durch Frankreich.
Am ersten Tag fährt sie etwa 800 km.
Am zweiten und dritten Tag fährt sie jeweils 300 km. Dann macht sie eine Woche Urlaub am Meer. Die Rückfahrt ist genauso lang wie die Fahrt am ersten Tag.
Wie viele Kilometer fährt die Familie zurück?

R:
  800 km
  300 km
  300 km
+ 800 km
2200 km

A: Die Familie fährt
insgesamt 2 200 km.

Mathe mit Methode: Tabellen und Diagramme

Ein Diagramm kann dir helfen, Daten aus einer Tabelle so darzustellen, dass man sie besser verstehen und ablesen kann.

1 Die Schülerversammlung der Fröbelschule musste einen Vertreter für den Schülerrat bestimmen.
Die Stimmenverteilung könnt ihr der Tabelle entnehmen:

Name	Stimmen
Anja	8
Dana	9
Kenan	7
Olga	9
Paul	10
Zuma	6

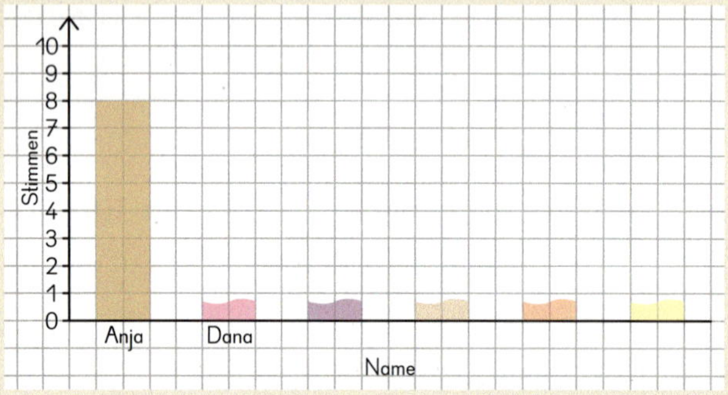

Zeichne das Säulendiagramm in dein Heft und vervollständige es.
Vergleiche mit einem Partner.

2 Die Schülerversammlung hat auch über die Vorschläge für den nächsten Schulausflug abgestimmt.

Ausflugsort	Stimmen
Waldjugendspiele	8
Grillen im Deister	12
Spaßbad in Celle	13
Radrallye am Steinhuder Meer	10
Wandern im Ith	6

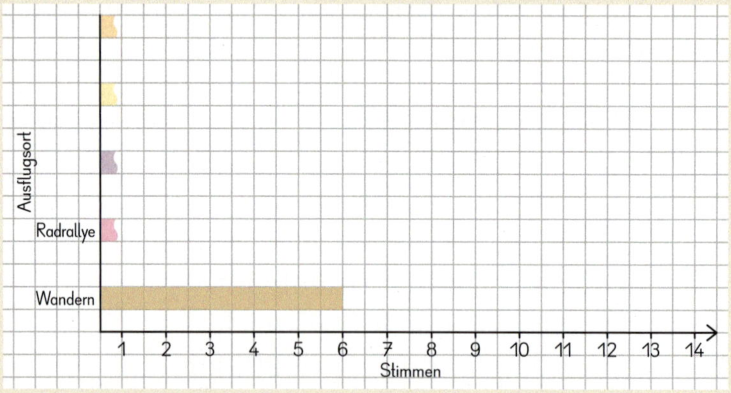

Zeichne das Balkendiagramm in dein Heft und vervollständige es.
Vergleiche mit einem Partner.

3 Erkläre den Unterschied zwischen einem Säulendiagramm und einem Balkendiagramm. Worauf musst du achten? Was ist besonders wichtig?

Zuammenfassung S. 160

4 Die Klasse 7 der Fröbelschule hat in einem Wetter-Projekt die Niederschläge im Juni an ihrer Schule gemessen. Die Schüler haben dazu ein Regenmessgerät im Schulgarten aufgestellt, an dem sie die Niederschlagsmenge in mm ablesen können.

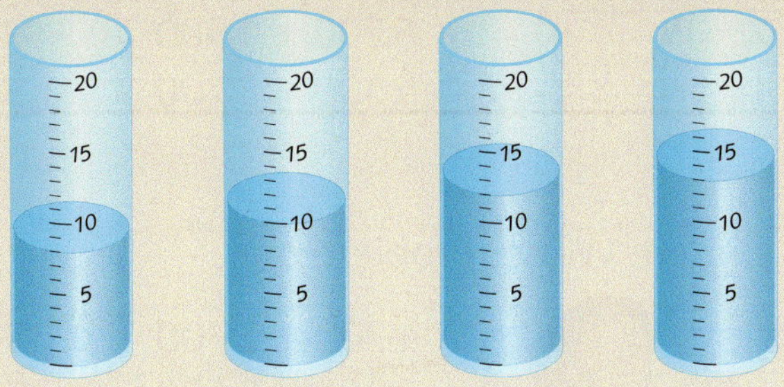

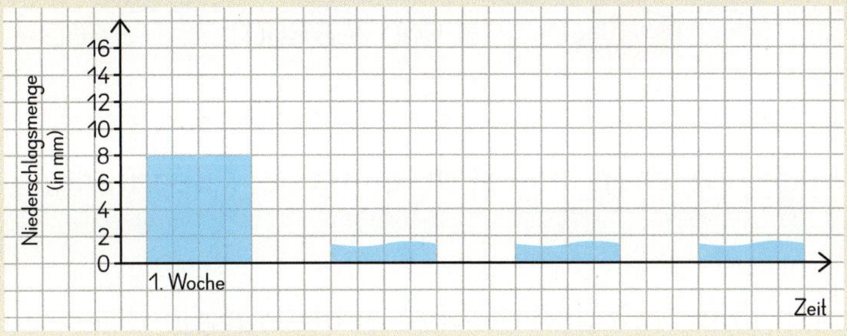

a) Zeichne ein Säulendiagramm für die gemessenen Niederschlagsmengen in dein Heft. Beachte die Maßeinheiten mm und Wochen. Stelle dein Diagramm vor und erkläre es.

★ b) Wie kann man die Ergebnisse in einer Tabelle darstellen?

5 Bei den Bundesjugendspielen der Winterbach-Schule gehört der Weitwurf zu den beliebtesten Disziplinen. Die besten Ergebnisse dieses Jahres hat die Klasse 7b in einem Balkendiagramm dargestellt.

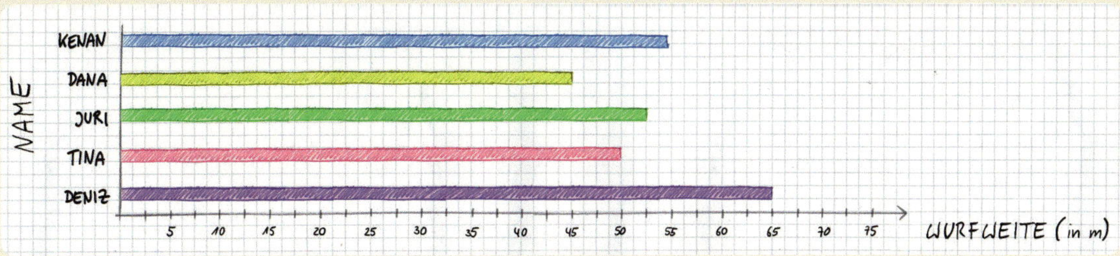

a) Werte das Diagramm aus: Wie weit haben die Schüler geworfen?

b) Wer hat weiter als 45 m geworfen?

c) Wie weit könnt ihr werfen? Messt eure eigenen Wurfergebnisse und notiert sie in einer Tabelle. Stellt sie in einem Balkendiagramm dar.

Übung und Wiederholung

1 Rechne halbschriftlich wie Lisa.

6	4	0	0	+	2	8	0	0	=	9	2	0	0
6	4	0	0	+	2	0	0	0	=	8	4	0	0
8	4	0	0	+		8	0	0	=	9	2	0	0

a) 2700 + 4600
6200 + 1900
5500 + 3700

b) 4300 + 4800
7400 + 2700
3900 + 4500

2 Ling-Ling rechnet auf eine andere Weise. Probiere aus.

5	8	0	0	+	3	6	0	0	=	9	4	0	0
5	0	0	0	+	3	0	0	0	=	8	0	0	0
	8	0	0	+		6	0	0	=	1	4	0	0

a) 4700 + 2700
2800 + 5600
1500 + 6800

b) 3400 + 3900
5300 + 2900
6600 + 1800

3 Vergleiche die Rechenwege. Welchen findest du einfacher? Begründe.

4 Übertrage die Aufgaben in dein Heft und rechne. Achte auf die Überträge.

a)

	T	H	Z	E
	4	7	2	5
+	2	1	6	9

b)

	T	H	Z	E
	2	4	1	8
+	6	1	5	4

c)

	T	H	Z	E
	5	3	6	2
+	2	9	3	4

d)

	T	H	Z	E
	1	5	3	4
+	4	6	2	5

e)

	T	H	Z	E
	2	6	8	4
+	4	1	5	4

f)

	T	H	Z	E
	3	4	1	9
+	1	3	7	2

g)

	T	H	Z	E
	4	8	2	5
+	4	6	3	3

h)

	T	H	Z	E
	2	4	6	1
+	1	3	6	6

3827 4791 6159 6838 6894 8296 8572 9120 9458

5 Schreibe stellengerecht untereinander und berechne die Summe.

Die Summe von 4825 + 1638 ist 6463.

Das Ergebnis einer Addition heißt Summe.

a) 4825 + 1638
2693 + 4725

b) 6275 + 1917
5926 + 3347

c) 4358 + 2179
6258 + 2457

d) 3296 + 4156
3938 + 2728

6463 6537 6666 7418 7452 8192 8715 9254 9273

6 Rechne zuerst den Überschlag. Rechne dann genau.

4792 + 2418

Ü: 5000 + 2000 = 7000

R:

	T	H	Z	E
	4	7	9	2
+	2	4	1	8
	1	1	1	
	7	2	1	0

7210 ist ungefähr 7000.

a) 4792 + 2418
3140 + 5390
2743 + 5928
3244 + 4356
6740 + 2409

b) 1430 + 5945
6575 + 2890
5245 + 3570
3969 + 4037
4270 + 4809

7 Vergleicht die drei Aufgaben. Was fällt euch auf?

a)

	H	Z	E
		8	4
+		4	1
	1		
	1	2	5

b)

	T	H	Z	E
		8	4	3
+		4	1	4
	1			
	1	2	5	7

c)

	ZT	T	H	Z	E
		8	4	3	2
+		4	1	4	0
	1				
	1	2	5	7	2

Tipp:
Lass beim Addieren vorne eine Stelle frei. Du brauchst sie vielleicht für das Ergebnis.

8 Schreibe untereinander und rechne.
Beachte den Tipp.

a) 74 + 52
62 + 93
86 + 43

b) 743 + 521
621 + 936
964 + 123

c) 7435 + 5210
6217 + 9361
5310 + 8245

d) 7435 + 5217
6217 + 9365
8254 + 7170

9 Rechne schriftlich.

a) 4560 + 2730
3600 + 5974
6298 + 3029

b) 4190 + 3808
2018 + 2746
3804 + 2759

c) 6090 + 5478
★ 5720 + 8603
9900 + 9500

4764 6563 7290
7998 9327 9574
11568 12568 14323
19400

10 Rechne zuerst den Überschlag. Berechne dann die Summe.

a) 4720 + 2369
8235 + 1660
3584 + 4023

b) 5246 + 3724
1030 + 8476
3947 + 5128

c) 6305 + 6780
★ 2494 + 8372
9253 + 9037

7089 7607 8970
8505 9075 9506
9895 10866 13085
18290

11 Schreibe stellengerecht untereinander und rechne.

★ a) 6479 + 2321
7639 + 370
1650 + 4359

b) 317 + 5283
4134 + 3946
3125 + 945

c) 8265 + 4335
7425 + 2670
4500 + 9700

4070 5600 6009
7080 8009 8080
8800 10095 12600
14200

Rechnen mit großen Zahlen

1 Übertrage die Aufgaben in dein Heft und rechne. Achte auf die Stellenwerte.

a)

	HT	ZT	T	H	Z	E
		2	4	6	2	5
+		5	1	8	4	7

b)

	HT	ZT	T	H	Z	E
		3	6	4	1	3
+		2	5	4	3	2

c)

	HT	ZT	T	H	Z	E
		4	7	3	8	5
+		3	2	1	2	3

2 Rechne zuerst den Überschlag. Rechne dann genau.

46295 + 28343 Ü: 50000 + 30000 = 80000

a) 46 295 + 28 343
45 728 + 12 345

b) 36 412 + 61 578
42 387 + 53 454

c) 30 439 + 16 261
25 850 + 36 239

3 Addiere schriftlich. Achte vorne auf die freie Stelle.

	HT	ZT	T	H	Z	E
		7	4	3	0	0
+		5	2	6	0	0
	1					
	1	2	6	9	0	0

a) 74 300 + 52 600
54 100 + 83 700
92 400 + 96 500

b) 57 350 + 61 440
82 630 + 43 350
76 410 + 52 540

4

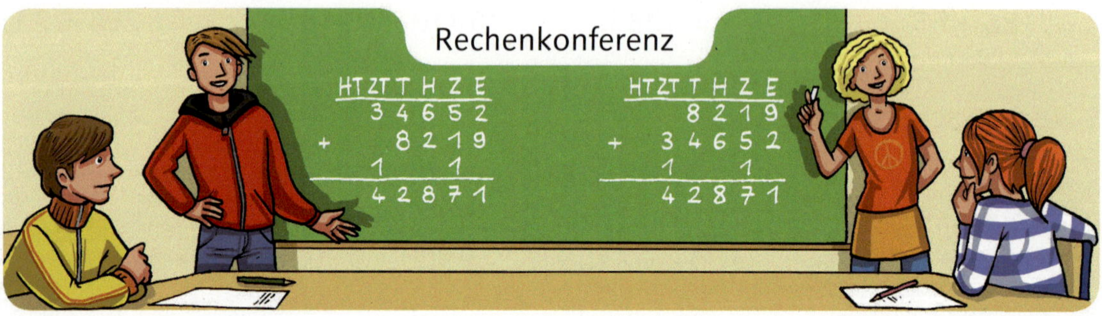

a) Wie rechnen Ole und Greta? Wie rechnest du?

b) Rechne einen Überschlag. Was fällt dir auf?

5 Schreibe stellengerecht untereinander und berechne die Summe.
Überlege, welche Zahl du nach oben schreibst.

a) 72 470 + 9 280
8 215 + 27 345
4 950 + 53 470

b) 69 725 + 2 342
22 500 + 9 800
2 430 + 34 570

c) 83 596 + 5 204
★ 8 215 + 96 960
424 + 55 699

🔑 32 300   35 560   37 000   56 123   58 420   72 067   75 067   81 750   88 800   105 175

Tipp: Bearbeite die Aufgaben in fünf Schritten:
1. Frage stellen 2. Überschlag 3. Rechnung 4. Kontrolle 5. Antwort

6 Die Rockband „Uhura-Rock" hat viele Fans.

a) Sie tritt zweimal in Dortmund auf.
Zum ersten Konzert kommen 34 740 Besucher, zum zweiten Konzert 37 200 Besucher.

b) In München gibt es ungefähr 35 400 Fans der Band.
Einige hören auch 430 Lieder von anderen Gruppen.

7 Die Stadt Nienburg/Weser und die umliegenden Dörfer haben das Autokennzeichen **NI**. In der Stadt sind 11 217 Autos gemeldet und im Umland 36 835.

8 In der Stadt Goslar lebten 2009 insgesamt etwa 41 450 Menschen.
Davon waren 20 640 männlich.

9 Suche dir eine Stadt aus und recherchiere Angaben zu den Einwohnerzahlen.
Bilde Aufgaben und präsentiere sie deiner Klasse.

10 ★ Die arktische Seeschwalbe ist der Zugvogel, der die größten Entfernungen zurücklegt. Sie brütet in der Arktis und überwintert in der Antarktis. Ihre Reise nach Süden ist kürzer als die nach Norden.

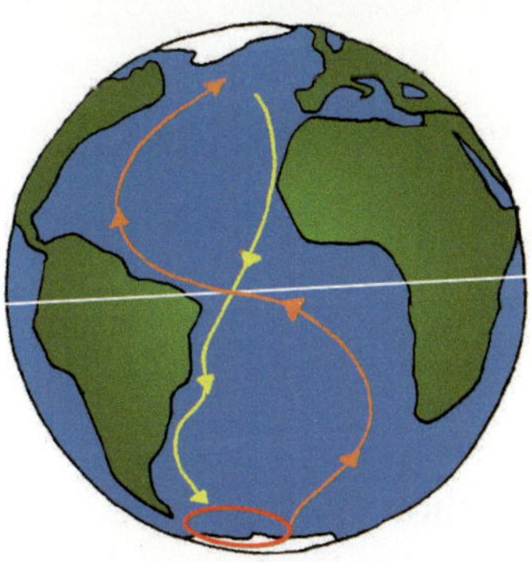

a) Der Äquator (einmal rund um die Erde) ist etwa 40 000 km lang. Schätze anhand der Skizze die Entfernung, die die Seeschwalbe in einem Jahr zurücklegt.

b) Auf dem Weg nach Süden legt die arktische Seeschwalbe etwa 19 000 km zurück. Auf dem Weg zurück zum Nordpol fliegt sie ungefähr 34 000 km weit.

c) Während sie überwintert, fliegt die Seeschwalbe noch einmal 11 000 km.

d) Der Weißstorch ist auch ein Zugvogel. Recherchiere und vergleiche.

Zuschauer beim Fußball

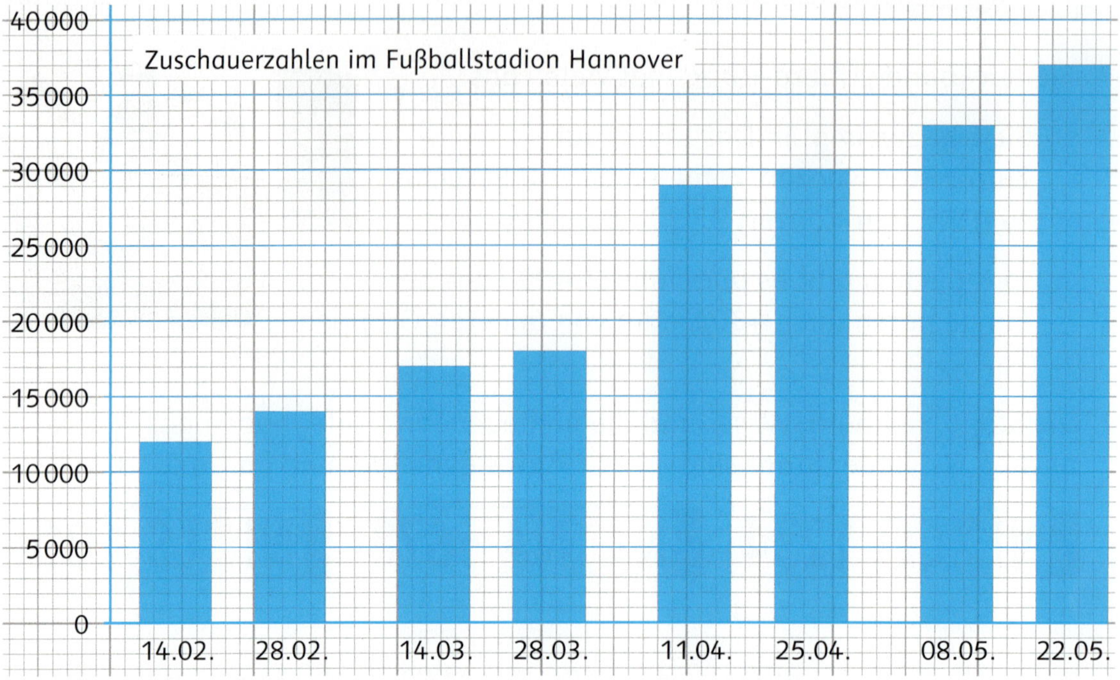

1 a) Welche Art von Diagramm ist hier abgebildet?

b) Was stellt das Diagramm dar?

2 Übertrage die Aussagen in dein Heft. Ergänze.

- Von Februar bis Mai gab es ■ Spiele.
- Das Spiel mit den meisten Zuschauern war am ■.
- Das Spiel mit den wenigsten Zuschauern war am ■.
- In jedem Monat gab es ■ Spiele.
- Die höchste Zuschauerzahl betrug ■.
- Die Zuschauerzahlen sind immer weiter ■.
- Die Zuschauerzahl stieg besonders stark am ■.

3 Wie viele Zuschauer waren im März und im Mai im Stadion? Vergleiche.

4 Erfinde Fragen und Aufgaben zum Säulendiagramm.

5 Wie viele Zuschauer kommen in das Stadion deines Lieblingsvereins?

Aufgaben für Profis

1 Überlege, wie du rechnen möchtest:
im Kopf, halbschriftlich oder schriftlich. Begründe.

a) 24 000 + 57 000
38 000 + 44 000
12 000 + 23 000

b) 22 000 + 34 000
25 000 + 48 000
26 000 + 46 000

c) 14 000 + 26 000
53 000 + 79 000
26 470 + 59 180

2 Setze die Reihen fort. Erkläre das Muster.

a) 14 000, 16 000, 18 000, …, 28 000

b) 35 000, 40 000, 45 000, …, 70 000

c) 79 000, 82 000, 85 000, …, 100 000

d) 62 000, 57 000, 52 000, …, 27 000

3 Erfinde eigene Reihen.
Dein Partner setzt die Reihe fort.
Kontrolliert eure Ergebnisse gegenseitig.

4 Rechne zuerst den Überschlag. Rechne dann genau.

a) 26 427 + 51 273
34 370 + 27 285
87 694 – 23 152
85 490 + 8 470

b) 45 421 + 17 359
76 439 + 81 275
4 619 + 53 846
96 588 – 52 430

c) 56 290 + 45 710
65 890 – 41 600
13 523 + 18 569
9 483 + 47 325

5 Berechne schriftlich die Summe der drei Zahlen.

a) 24 730 + 18 847 + 33 919
70 400 + 83 250 + 69 020

b) 29 418 + 5 405 + 35 448
8 270 + 63 100 + 51 630

6 Welche Ziffern fehlen?

	HT	ZT	T	H	Z	E
		5	2	*	7	0
+		1	*	3	*	5
				1		
		6	5	5	5	*

	HT	ZT	T	H	Z	E
		*	7	3	8	4
+		6	*	4	3	*
		1		1		
		9	2	8	*	9

	HT	ZT	T	H	Z	E
		4	6	5	2	3
+		3	*	5	6	9
		1	1		1	
		*	0	*	9	*

	HT	ZT	T	H	Z	E
		6	*	7	8	*
+	3	*	4	1	*	6
	1			1	1	
	*	1	7	*	1	0

7 Der Vorverkauf hat begonnen.
Für das große Open-Air-Konzert werden am ersten Tag 8 450 Karten verkauft.
Am zweiten Tag sind es 7 839 Karten.

Wiederholung

1

Vier Freunde wollen sich eine Pizza teilen. Wie können sie die Pizza gerecht aufteilen?

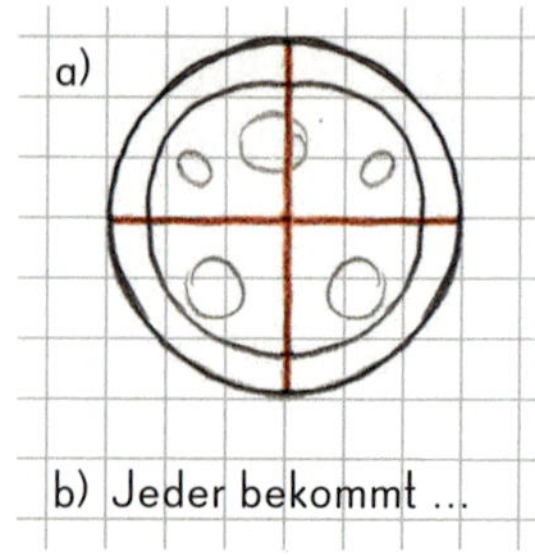

a) Zeichnet eure Lösung in eure Hefte.

b) Wie viel bekommt jeder von der Pizza?

c) Wie viel bekommt jeder, wenn sich zwei oder acht Freunde eine Pizza teilen? Zeichnet in eure Hefte.

2

a) Erzähle. Welche Brüche kennst du?

b) Schreibe die Brüche in dein Heft und zeichne jeweils Beispiele.

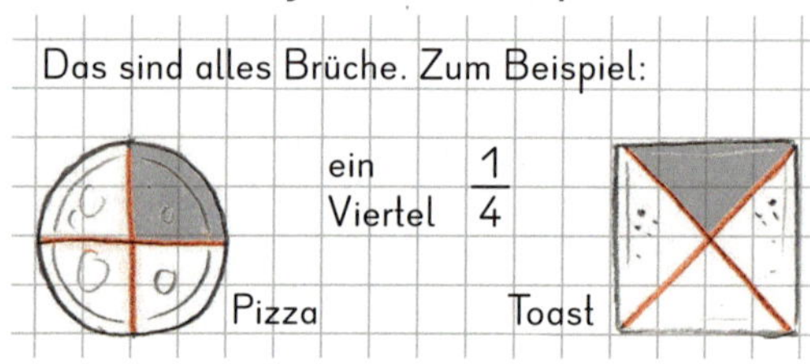

3 Was gehört zusammen?
Ordne jeder Zeichnung einen Namen und einen Bruch zu.

A 
B 
C 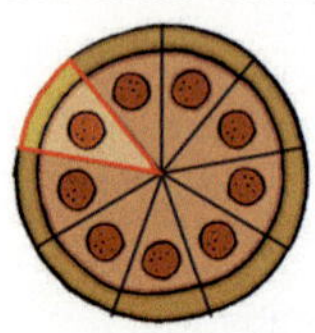
D 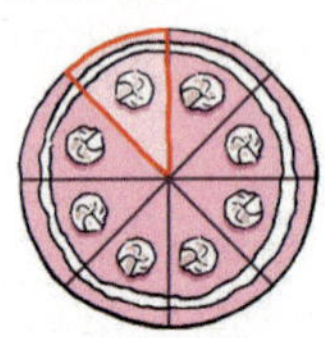
E 

a ein Fünftel | b ein Neuntel | c ein Achtel | d ein Siebtel | e ein Sechstel

1 $\frac{1}{8}$ | 2 $\frac{1}{6}$ | 3 $\frac{1}{5}$ | 4 $\frac{1}{7}$ | 5 $\frac{1}{9}$

4 Brüche im Alltag

In welcher Alltagssituation hattet ihr schon einmal mit Brüchen zu tun?
Überlegt gemeinsam und notiert Situationen.
Tragt eure Ergebnisse in der Klasse zusammen.

5

a) Erzähle. Wie heißen diese Brüche?

b) Schreibe die Brüche in dein Heft und zeichne sie.

6 Was gehört zusammen?
Ordne jeder Zeichnung einen Namen und einen Bruch zu.

A 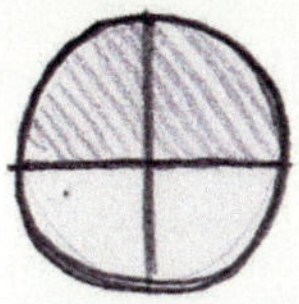
B 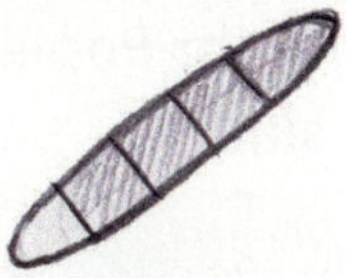
C 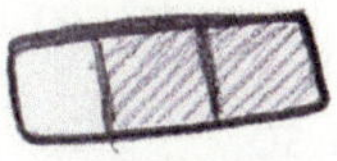
D 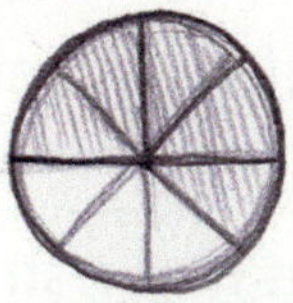
E 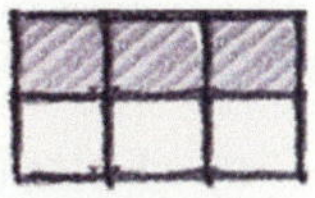

a vier Fünftel
b drei Sechstel
c fünf Achtel
d zwei Drittel
e zwei Viertel

1 $\frac{3}{6}$
2 $\frac{5}{8}$
3 $\frac{2}{4}$
4 $\frac{4}{5}$
5 $\frac{2}{3}$

7 Bestimme den Bruch. Zeichne und schreibe in dein Heft.

a) 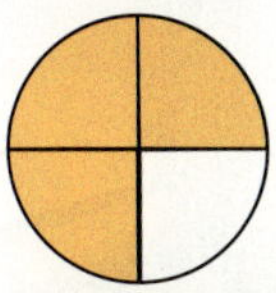
b) 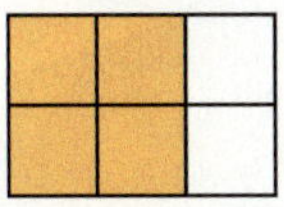
c) 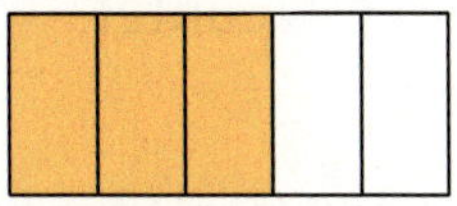
d) 
e) 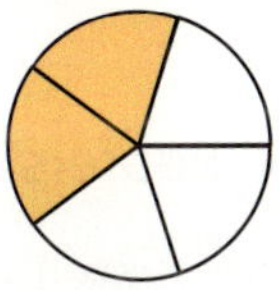
f) 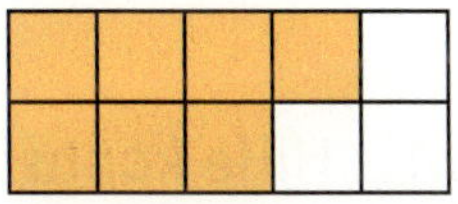

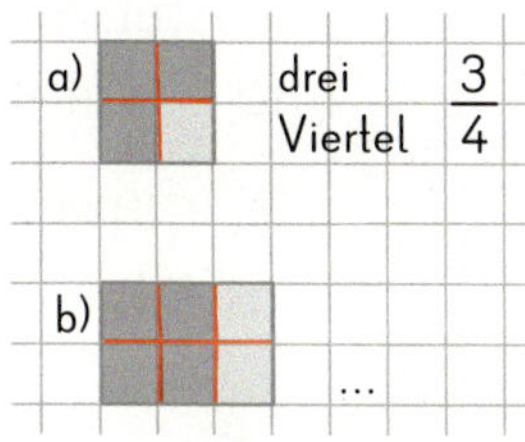

8 Bruchteile herstellen

Nimm fünf gleich große Blätter. Falte sie so, dass zwei, drei, vier, fünf oder sechs gleich große Teile entstehen.

Zeichne drei Kreise und schneide Kreisscheiben aus. Falte sie so, dass zwei, vier oder acht gleich große Teile entstehen.

2 gleiche Teile

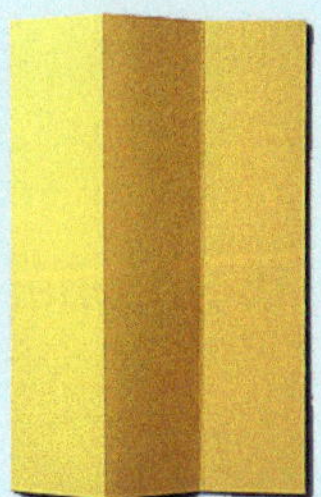
3 gleiche Teile

4 gleiche Teile

Vergleicht eure Faltungen anschließend untereinander.

zu Aufgabe 8 Angebote in den Kopiervorlagen nutzen

Wie groß sind Brüche?

1 Was ist mehr, ein Viertel oder zwei Viertel von einer Tafel Schokolade? Begründe. Nutze dazu eine Skizze.

2 Was ist mehr, ein Viertel oder ein Fünftel von einer Tafel Schokolade? Begründe. Nutze dazu eine Skizze.

3 Um zu überprüfen, wie groß ein Bruch ist, könnt ihr Papierstreifen nutzen. Fertigt dazu Papierstreifen an, die 20 cm lang sind.

a) Faltet einen Papierstreifen so, dass zwei gleich große Teile entstehen. Jetzt habt ihr zwei Halbe. Beschriftet die Anteile auf dem Streifen mit Halbe.

b) Faltet weitere Papierstreifen, so dass Drittel, Viertel, Fünftel, Sechstel, Siebtel, Achtel, Neuntel und Zehntel entstehen.

c) Beschriftet die Anteile auf den Streifen. Was fällt euch auf?

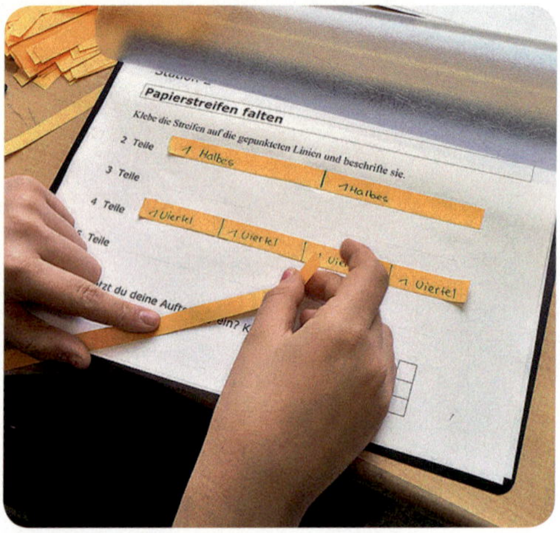

4 Vergleiche. >, < oder =? Als Hilfe kannst du die Papierstreifen nutzen.

a) $\frac{1}{3}$ ● $\frac{1}{2}$
$\frac{1}{4}$ ● $\frac{1}{5}$
$\frac{1}{8}$ ● $\frac{1}{7}$
$\frac{1}{7}$ ● $\frac{1}{4}$

b) $\frac{1}{2}$ ● $\frac{1}{4}$
$\frac{1}{5}$ ● $\frac{1}{6}$
$\frac{1}{9}$ ● $\frac{1}{3}$
$\frac{1}{6}$ ● $\frac{1}{7}$

c) $\frac{1}{4}$ ● $\frac{3}{4}$
$\frac{2}{3}$ ● $\frac{1}{3}$
$\frac{4}{8}$ ● $\frac{1}{2}$
$\frac{1}{2}$ ● $\frac{2}{4}$

d) $\frac{1}{2}$ ● $\frac{3}{6}$
$\frac{3}{6}$ ● $\frac{1}{4}$
$\frac{3}{4}$ ● $\frac{6}{8}$
$\frac{4}{7}$ ● $\frac{3}{5}$

5 Findet Brüche, die größer sind als ein Achtel.

6 Findet Brüche, die kleiner sind als drei Viertel.

7 Findet Brüche, die nahe an einem Ganzen sind. Stellt die Brüche in einer Skizze oder mit Papierstreifen dar. Was könnt ihr an den Zahlen feststellen?

zu Aufgabe 3 Angebote in den Kopiervorlagen nutzen

Stammbrüche und abgeleitete Brüche

1 Erzähle.

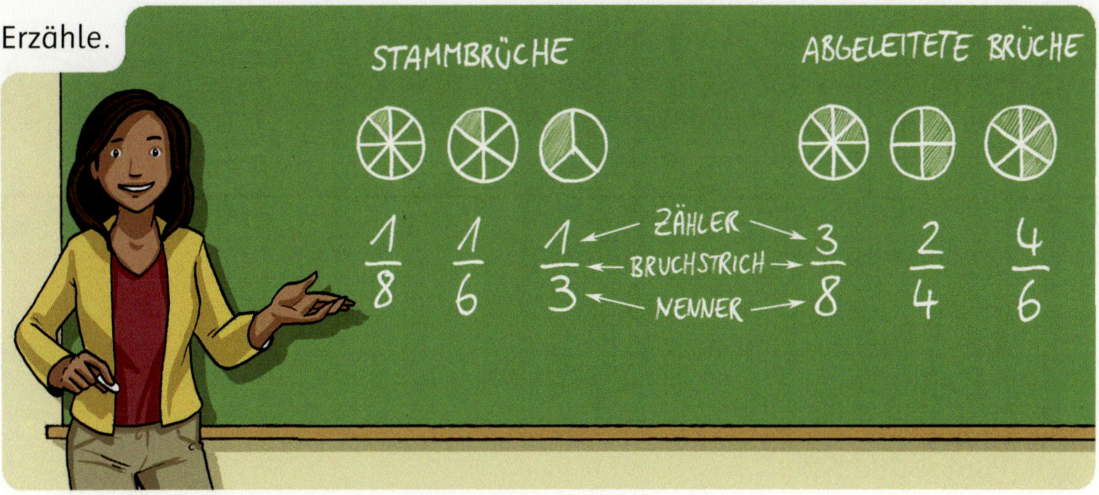

a) Was haben alle Stammbrüche gemeinsam?

b) Was haben alle abgeleiteten Brüche gemeinsam?

c) Schreibe jeweils einen Merksatz in dein Heft.
Zeichne Beispiele dazu.

2 Lege mit deinem Material. Stammbruch oder abgeleiteter Bruch?
Ordne und notiere in einer Tabelle.

$\frac{1}{2}$ $\frac{6}{8}$ $\frac{4}{5}$ $\frac{1}{6}$ $\frac{3}{4}$ $\frac{3}{9}$

$\frac{3}{6}$ $\frac{1}{6}$ $\frac{1}{7}$ $\frac{2}{4}$ $\frac{2}{5}$ $\frac{1}{3}$

Stammbrüche	abgeleitete Brüche
$\frac{1}{2}$, …	$\frac{6}{8}$, …

3 Zähler und Nenner

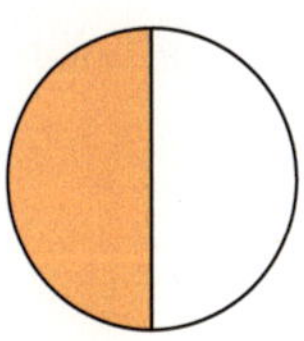

$\frac{1}{2}$ Zähler / Bruchstrich / Nenner $\frac{1}{8}$

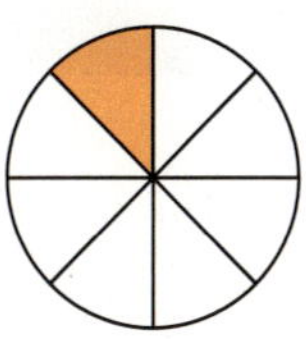

a) Was bedeutet die Zahl im Nenner? Schreibe einen Merksatz in dein Heft.

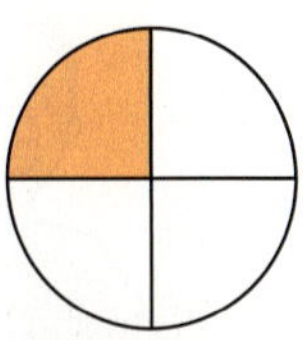

$\frac{1}{4}$ Zähler / Bruchstrich / Nenner $\frac{3}{4}$

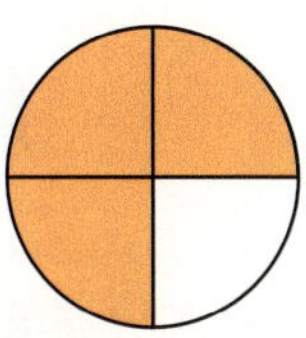

b) Was bedeutet die Zahl im Zähler? Schreibe einen Merksatz in dein Heft.

Brüche als Anteile

1 Die Kinder der Klasse 7b verkaufen einen Tag lang in den Pausen belegte Brötchen. Sie haben insgesamt 20€ eingenommen. Ein Viertel der Einnahmen möchten sie für einen guten Zweck spenden. Der Rest kommt in die Klassenkasse.

a) Wie viel Geld wird gespendet und wie viel Geld kommt in die Klassenkasse? Eine Skizze kann dir helfen.

b) Wie hast du gerechnet? Erzähle.

c) Paul rechnet so:
„Ich habe 20€, die ich erst einmal in vier gleich große Teile aufteile."

„Ein Teil von diesen vier Teilen wird gespendet. Das sind 5€."

Vergleiche deinen Rechenweg mit dem von Paul.
Hat Paul richtig gerechnet?

2 Rechne wie Paul und schreibe in dein Heft. Zur Hilfe kannst du Material nutzen.

a) ein Fünftel von 25€
ein Drittel von 30m
ein Viertel von 36kg

b) ein Sechstel von 60min
ein Achtel von 240 Birnen
ein Zehntel von 300cm

R: 25€ : 5 = 5€

Ein Fünftel von 25€ sind 5€.

3 In die Klasse 7b gehen 20 Kinder.
Ein Fünftel dieser Kinder macht gerne Deutsch, ein Viertel macht lieber Mathematik.
Was ist mehr?

a) Erzähle.

b) Wie viele Kinder mögen Deutsch lieber, wie viele Mathematik?

4 In die 7a gehen 21 Kinder. Nach der Schule gehen zwei Drittel der Kinder in den Schulhort.

a) Wie viele Kinder der Klasse gehen in den Schulhort? Eine Skizze kann dir helfen.

b) Wie hast du gerechnet? Erzähle.

c) Ina rechnet so:
„Ich habe 21 Kinder, die ich erst einmal in drei gleich große Teile aufteile."

„Zwei Teile von diesen drei Teilen sind die Kinder, die in den Hort gehen."

Vergleiche deinen Rechenweg mit dem von Ina. Hat Ina richtig gerechnet?

5 Rechne wie Ina und schreibe in dein Heft. Zur Hilfe kannst du Material nutzen.

a) drei Viertel von 20 Eiern
vier Sechstel von 42 l
fünf Achtel von 32 €
sechs Siebtel von 49 t

b) zwei Neuntel von 720 km
vier Fünftel von 100 €
drei Sechstel von 960 Bällen
sechs Zehntel von 140 Liedern

Ich rechne zuerst ein Viertel von 20 Eiern:
20 : 4 = 5
Jetzt mache ich daraus drei Viertel:
3 · 5 = 15
Drei Viertel von 20 Eiern sind 15 Eier.

6 Rechne und schreibe wie in Aufgabe **5** in dein Heft.

a) $\frac{2}{3}$ von 30 kg b) $\frac{3}{7}$ von 42 Kindern c) $\frac{2}{8}$ von 56 € d) $\frac{4}{10}$ von 80 m

7 Auf dem Schulbasar der Fröbelschule wurden insgesamt 258 € eingenommen. Zwei Drittel der Einnahmen sollen der Partnerschule in Indien gespendet werden.
Wie viel Geld wird an die Partnerschule gespendet? Rechne.

8 In der Schulbibliothek gibt es genau 250 Bücher. Davon sind zwei Fünftel Sachbücher und die restlichen 100 Bücher sind Romane.
Stimmt die Aussage? Rechne nach.

Brüche addieren und subtrahieren 1

1

a) Erzähle.

b) Fertige eine Skizze an, in der man erkennt, wie viel ein Viertel plus ein Viertel ist.

c) Schreibe in dein Heft: $\frac{1}{4} + \frac{1}{4} =$

Tipp: Du kannst für die Skizze einen Kreis oder ein Rechteck nutzen.

2 Wie viel ist es zusammen? Schreibe und zeichne in dein Heft.

a) 

b) 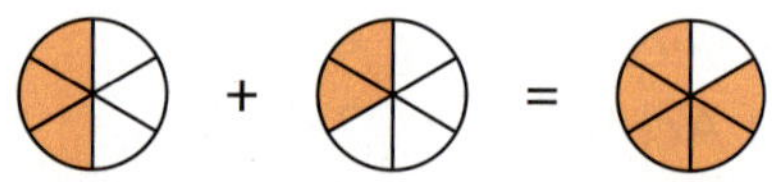

c) Paul bekommt 30 € Taschengeld. Drei Zehntel gibt er davon für Süßigkeiten aus und vier Zehntel für Musik. Wie viel ist es zusammen?

d) In die Münsterschule gehen 100 Kinder. Zwei Fünftel essen am liebsten Pizza und ein Fünftel isst am liebsten Nudeln.

3 Wie viel ist es zusammen?
Lege mit Material oder zeichne zu jeder Aufgabe eine Skizze.

a)	b)	c)	d)
ein Sechstel + drei Sechstel	$\frac{1}{4} + \frac{1}{4}$	$\frac{1}{8} + \frac{3}{8}$	$\frac{3}{6} + \frac{2}{6}$
zwei Neuntel + vier Neuntel	$\frac{1}{3} + \frac{1}{3}$	$\frac{3}{10} + \frac{4}{10}$	$\frac{7}{12} + \frac{4}{12}$
drei Zehntel + sechs Zehntel	$\frac{1}{2} + \frac{1}{2}$	$\frac{2}{4} + \frac{1}{4}$	$\frac{4}{7} + \frac{3}{7}$

4 Erfinde zu den Bildern Additionsgeschichten. Stelle sie vor.

a) 

b) 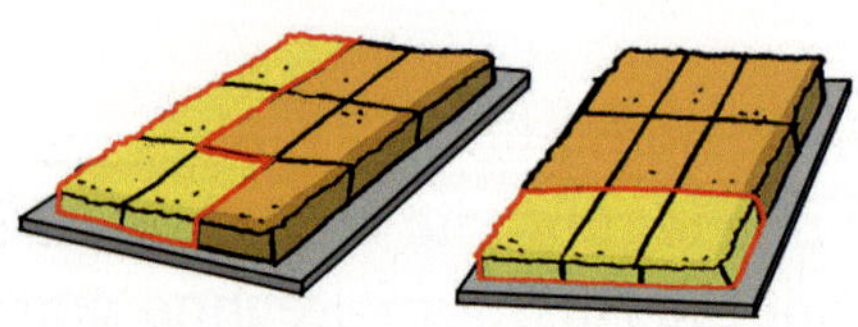

möglichst lange mit Wortgleichungen rechnen; hierzu Angebote in den Kopiervorlagen nutzen

5 Juri hat drei Viertel von einem Apfel bekommen und gibt seinem kleinen Bruder Konrad ein Viertel von dem Apfel ab.

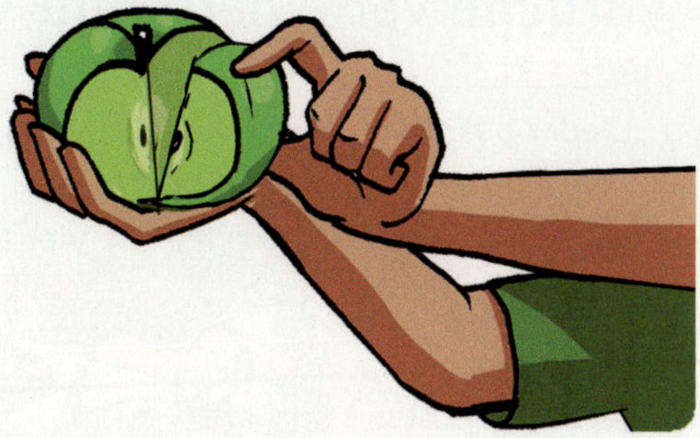

a) Wie viel von dem Apfel behält Juri? Überlegt gemeinsam.

b) Schreibe in dein Heft: $\frac{3}{4} - \frac{1}{4} =$

6 Wie viel bleibt übrig? Zeichne und schreibe in dein Heft.

a) 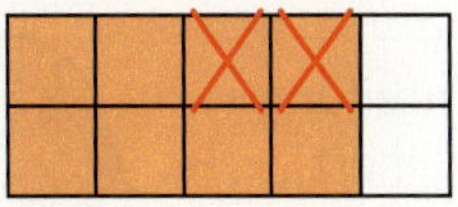 b) 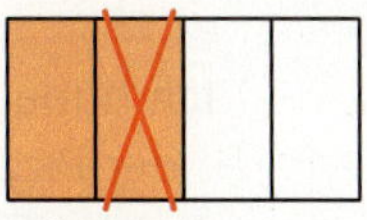 c) 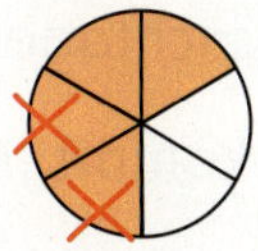 d) 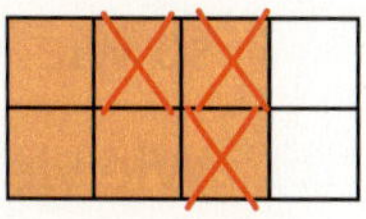

e) Paul hat von seinen 30 € Taschengeld noch neun Zehntel übrig und gibt jetzt zwei Zehntel für Eis aus. Wie viel bleibt übrig?

f) Von den 100 Kindern der Münsterschule machen vier Fünftel einen Ausflug. Ein Fünftel der Kinder bleibt in der Schule und nimmt dort an einem Projekt teil.

7 Wie viel bleibt übrig?
Lege mit Material oder zeichne zu jeder Aufgabe eine Skizze.

a) drei Viertel – ein Viertel
vier Fünftel – ein Fünftel
fünf Achtel – ein Achtel

b) $\frac{3}{4} - \frac{1}{4}$
$\frac{2}{3} - \frac{1}{3}$
$\frac{3}{5} - \frac{1}{5}$

c) $\frac{7}{8} - \frac{3}{8}$
$\frac{9}{10} - \frac{6}{10}$
$\frac{5}{6} - \frac{3}{6}$

d) $\frac{8}{9} - \frac{4}{9}$
$\frac{5}{7} - \frac{2}{7}$
$\frac{9}{12} - \frac{4}{12}$

8 Erfinde zu den Bildern Subtraktionsgeschichten. Stelle sie vor.

a) 

b) 

c) 

9 Vervollständige die Merksätze. Schreibe sie in dein Heft.
Brüche mit gleichen Nennern werden addiert, indem man …
Brüche mit gleichen Nennern werden subtrahiert, indem man …

Brüche verfeinern und vergröbern

1

a) Erzähle.

b) Zeichne die Pizza in dein Heft. Teile alle Stücke noch einmal in der Mitte, so wie Mira es vorgeschlagen hat.

c) Wie viele Stücke bekommt jeder?

d) Was meint Mira mit „verfeinern"?

2 Hier wurde die Einteilung verfeinert. Was gehört zusammen? Zeichne ins Heft und schreibe die Namen der Brüche dazu.

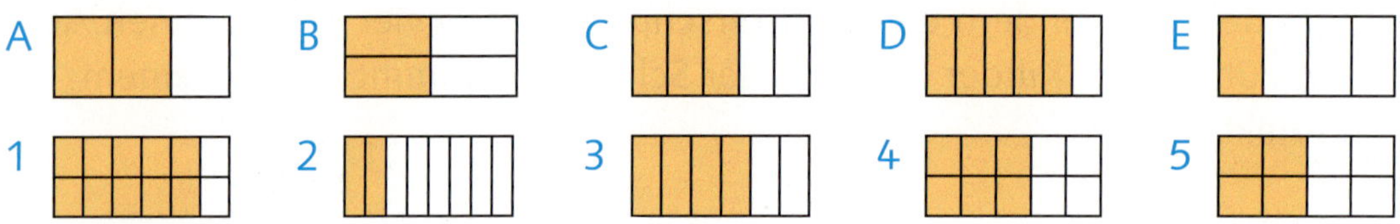

3

Hier siehst du zwei Drittel eines Auflaufs.

a) Zeichne ein Rechteck und markiere zwei Drittel.

b) Verfeinere die Einteilung des Auflaufs in Sechstel.

c) Wie viele Sechstel sind dann markiert?

4 Hier wurde die Einteilung verfeinert. Was gehört zusammen? Zeichne ins Heft und schreibe die Namen der Brüche dazu.

A $\frac{1}{4}$ B $\frac{2}{3}$ C $\frac{1}{2}$ D $\frac{3}{5}$ E $\frac{3}{4}$ F $\frac{5}{6}$

1 $\frac{6}{8}$ 2 $\frac{6}{10}$ 3 $\frac{2}{8}$ 4 $\frac{4}{8}$ 5 $\frac{10}{12}$ 6 $\frac{4}{6}$

A/3: $\frac{1}{4} = \frac{2}{8}$

5 Nimm ein Blatt Papier und zeige durch Falten und Einfärben, dass $\frac{1}{2}$ genauso groß ist wie $\frac{4}{8}$.

6

a) Erzähle.

b) Was ist mehr: vier Achtel, zwei Viertel oder ein halb? Begründe.

c) Erkläre deinem Partner: Was passiert mit den Bruchstücken beim Vergröbern? Was passiert mit den Bruchstücken beim Verfeinern?

7 Hier wurde die Einteilung vergröbert. Was gehört zusammen?
Zeichne ins Heft und schreibe die Namen der Brüche dazu.

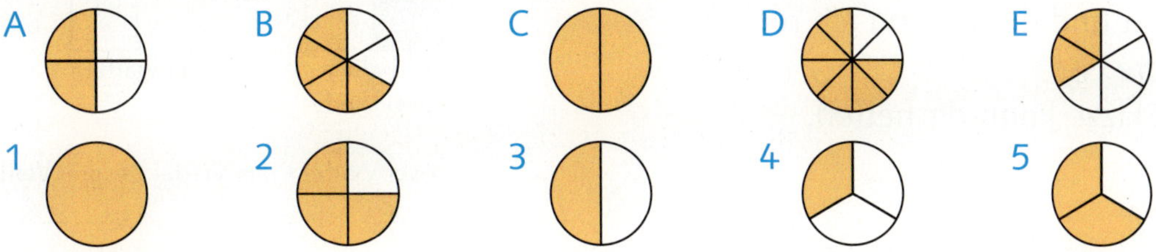

8

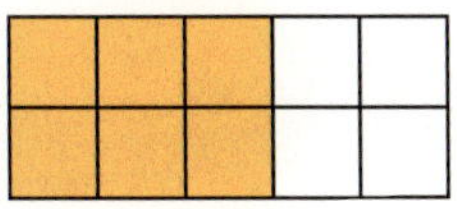

Hier siehst du sechs Zehntel eines Rechtecks.

a) Zeichne das Rechteck und markiere sechs Zehntel.

b) Vergröbere die Einteilung des Rechtecks in Fünftel.

c) Wie viele Fünftel sind dann markiert?

9 Hier wurde die Einteilung vergröbert. Was gehört zusammen?
Lege mit Material. Schreibe anschließend ins Heft.

A $\frac{2}{8}$ B $\frac{4}{6}$ C $\frac{8}{10}$ D $\frac{4}{8}$ E $\frac{10}{12}$ F $\frac{6}{10}$

1 $\frac{3}{5}$ 2 $\frac{5}{6}$ 3 $\frac{1}{4}$ 4 $\frac{1}{2}$ 5 $\frac{4}{5}$ 6 $\frac{2}{3}$

A/3: $\frac{2}{8} = \frac{1}{4}$

10 Überlegt gemeinsam.

a) Was ist der Unterschied zwischen dem Vergröbern und Verfeinern eines Bruches?

b) Was meinen Juri und Greta?
Schreibt einen eigenen Merksatz in eure Hefte.

Brüche addieren und subtrahieren 2

1 Erzähle.

Dana sagt: „Ich muss einen Bruch zuerst verfeinern. Aus ein halb mache ich zwei Viertel und dann kann ich rechnen."
Erkläre.
Die Skizze kann dir helfen.

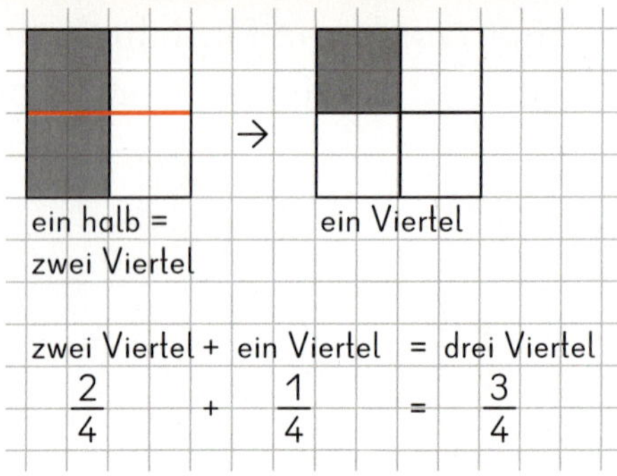

2 Wie viel ist es zusammen? Verfeinere zuerst.
Zeichne und schreibe in dein Heft.

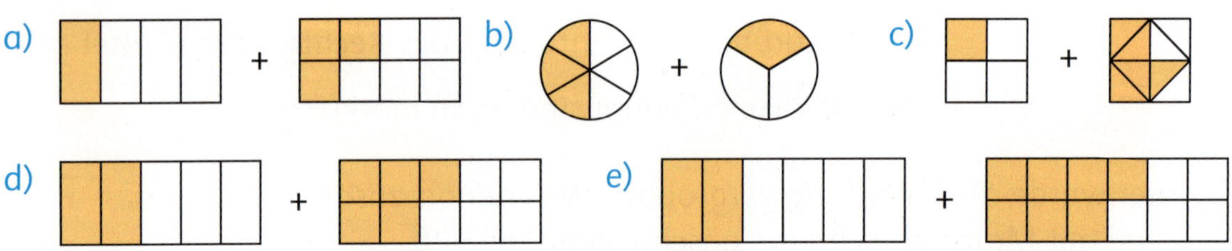

3 Wie viel ist es zusammen? Verfeinere die Brüche zuerst, bevor du rechnest.
Lege mit Material oder zeichne zu jeder Aufgabe eine Skizze.

a) ein Drittel + ein Sechstel
drei Achtel + zwei Viertel
drei Fünftel + sechs Zehntel

b) $\frac{1}{4} + \frac{2}{8}$
$\frac{2}{3} + \frac{1}{6}$
$\frac{5}{8} + \frac{1}{4}$

c) $\frac{2}{6} + \frac{1}{2}$
$\frac{2}{3} + \frac{4}{12}$
$\frac{3}{6} + \frac{1}{2}$

d) $\frac{1}{3} + \frac{2}{9}$
$\frac{2}{4} + \frac{3}{8}$
$\frac{4}{12} + \frac{4}{6}$

4 Lege mit Material eine Additionsaufgabe. Dein Partner löst sie. Kontrolliert euch gegenseitig und wechselt euch ab.

möglichst lange mit Wortgleichungen rechnen; hierzu Angebote in den Kopiervorlagen nutzen

5 Erzähle.

Ole sagt: „Ich muss einen Bruch zuerst verfeinern. Aus ein halb mache ich zwei Viertel und dann kann ich rechnen."
Erkläre.
Die Skizze kann dir helfen.

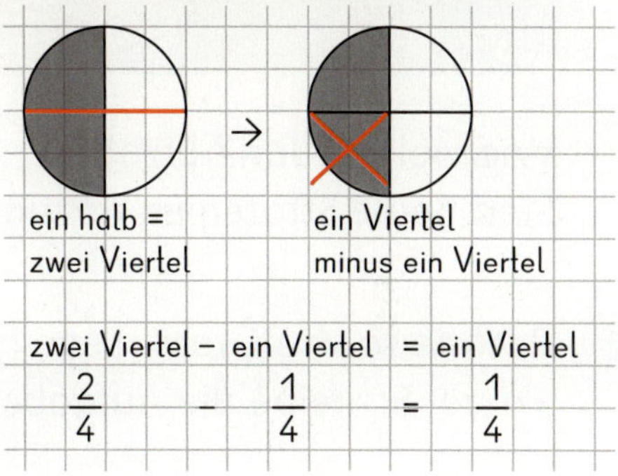

6 Wie viel bleibt übrig? Verfeinere zuerst. Zeichne und schreibe in dein Heft.

a) 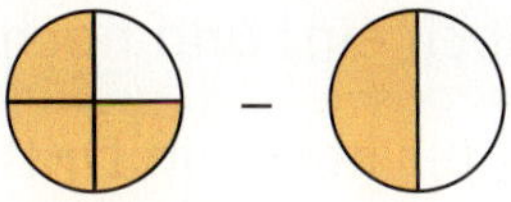

b) 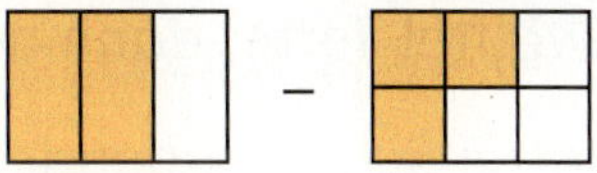

c) 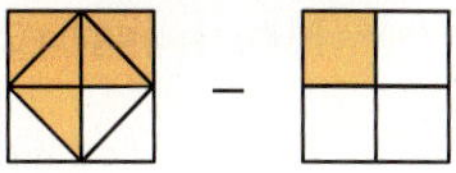

d) 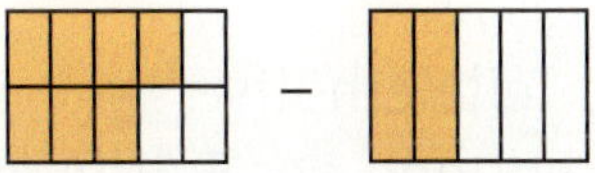

e) 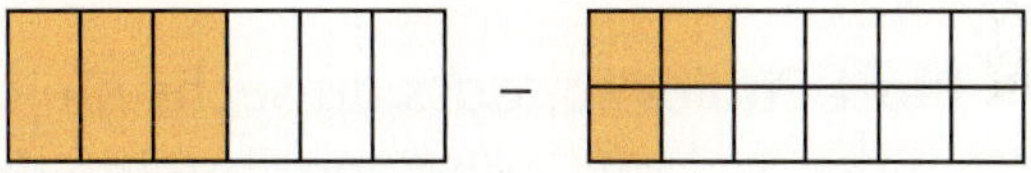

7 Wie viel bleibt übrig? Verfeinere die Brüche zuerst, bevor du rechnest. Lege mit Material oder zeichne zu jeder Aufgabe eine Skizze.

a) ein halb – ein Viertel
drei Viertel – ein Achtel
sieben Zehntel – drei Fünftel

b) $\frac{2}{4} - \frac{2}{8}$
$\frac{2}{3} - \frac{3}{6}$
$\frac{4}{4} - \frac{6}{8}$

c) $\frac{5}{6} - \frac{2}{3}$
$\frac{7}{8} - \frac{1}{2}$
$\frac{3}{4} - \frac{3}{8}$

d) $\frac{1}{3} - \frac{2}{9}$
$\frac{8}{10} - \frac{4}{5}$
$\frac{7}{12} - \frac{3}{6}$

8 Vervollständige die Merksätze. Schreibe sie in dein Heft.

Brüche mit verschiedenen Nennern werden addiert, indem man zuerst … und dann …

Brüche mit verschiedenen Nennern werden subtrahiert, indem man zuerst … und dann …

möglichst lange mit Wortgleichungen rechnen; hierzu Angebote in den Kopiervorlagen nutzen

Mit Brüchen multiplizieren

1

Wie viel isst Juri? Erzähle.
Sind beide Strategien richtig? Überprüfe mit deinem Material.

2 Rechne so wie Greta. Lege mit Material oder zeichne zu jeder Aufgabe eine Skizze. Schreibe die Aufgabe und das Ergebnis dazu.

a) Juri kauft erst ein Viertel Melone und später noch ein Viertel und noch ein Viertel.

b) Noah isst erst ein Zwölftel Torte, dann noch eins, noch eins und noch eins.

c) Anna isst erst ein Drittel Schokoladenriegel und später noch ein Drittel.

3 Falte ein Blatt Papier so, dass du sechs gleich große Teile erhältst. Beschrifte jedes Teil mit $\frac{1}{6}$ und zerschneide das Blatt entlang der Faltlinien.

a) Lege 3-mal $\frac{1}{6}$.
Schreibe als Additionsaufgabe und als Multiplikationsaufgabe.

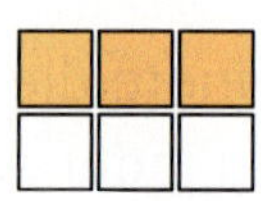

$$\frac{1}{6} + \frac{1}{6} + \frac{1}{6} = \frac{3}{6}$$

$$3 \cdot \frac{1}{6} = \frac{3}{6}$$

b) Lege 4-mal $\frac{1}{6}$ und notiere.

c) Lege weitere Aufgaben. Dein Partner kontrolliert.

d) Stelle andere Brüche her, lege Aufgaben und schreibe ins Heft.

4 Lege die Aufgaben mit Material. Schreibe in dein Heft wie in Aufgabe 3.

a) 

b) 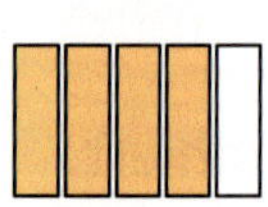

c) 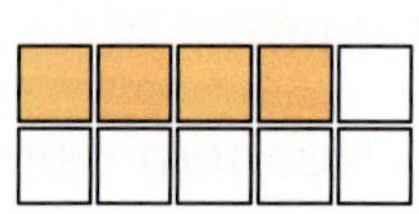

d) 

Brüche am Zahlenstrahl

1

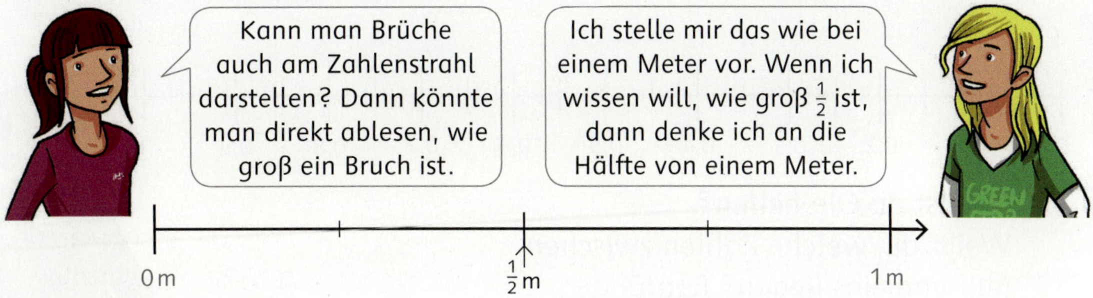

a) Erzähle.

b) Mira hat $\frac{1}{4}$ an ihrem Zahlenstrahl eingetragen.
Kannst du erklären, wie sie das gemacht hat?

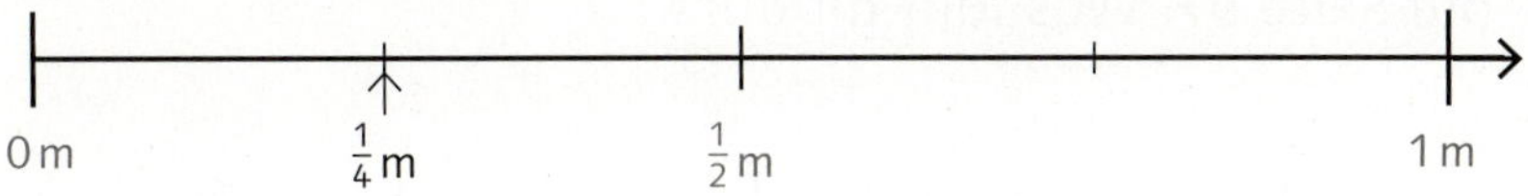

2 a) Zeichnet einen Zahlenstrahl wie Mira.
- Zeichnet den Punkt 0 ein.
- Zeichnet den Punkt 1 in einem Abstand von 10 cm ein.

b) Zeichnet wie Mira $\frac{1}{2}$ und $\frac{1}{4}$ ein.

c) Zeichnet $\frac{1}{5}$ und $\frac{1}{10}$ ein.

d) Überlegt. Wie könnte man $\frac{1}{3}$ einzeichnen?

e) Was fällt euch auf?

3

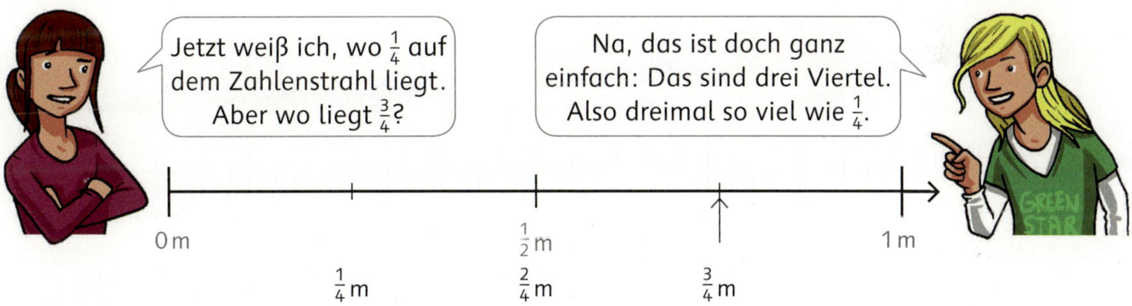

a) Erkläre deinem Partner, wie Mira $\frac{3}{4}$ einzeichnen konnte.

b) Zeichnet in einen neuen Zahlenstrahl $\frac{1}{5}$, $\frac{2}{5}$, $\frac{3}{5}$, $\frac{4}{5}$ und $\frac{5}{5}$ ein.

4 Ordne zu: $\frac{1}{10}$, $\frac{2}{10}$, $\frac{3}{10}$, $\frac{4}{10}$, $\frac{5}{10}$, $\frac{6}{10}$, $\frac{7}{10}$, $\frac{8}{10}$, $\frac{9}{10}$, $\frac{10}{10}$

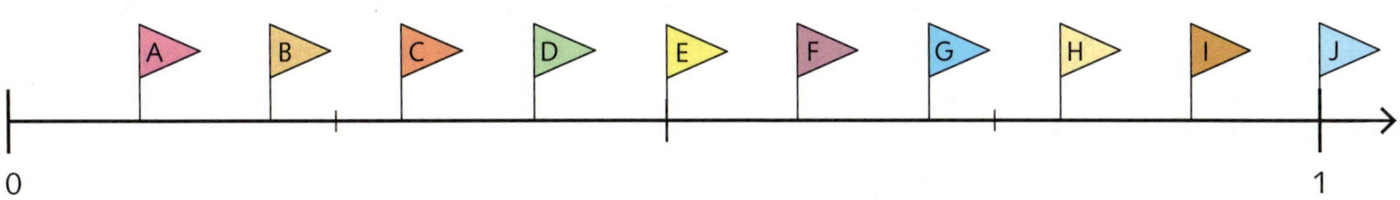

Kleine Zahlen

1 Erzähle.

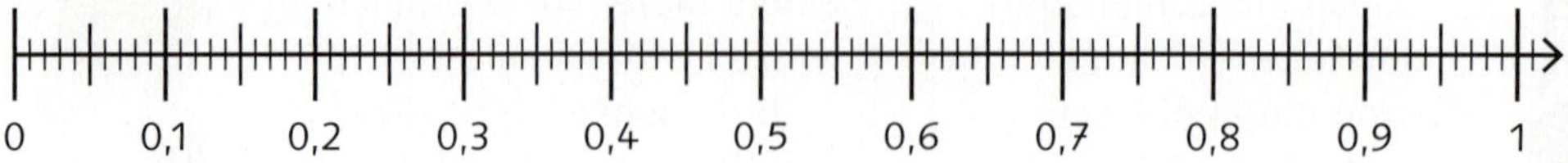

a) Kannst du Ole helfen?
Weißt du, welche Zahlen zwischen null und eins liegen? Begründe.

b) Lies die Zahlen, die eingetragen sind.

c) Vergleiche den Zahlenstrahl mit dem Zahlenstrahl in Aufgabe **4** auf Seite 57. Was fällt dir auf?

2

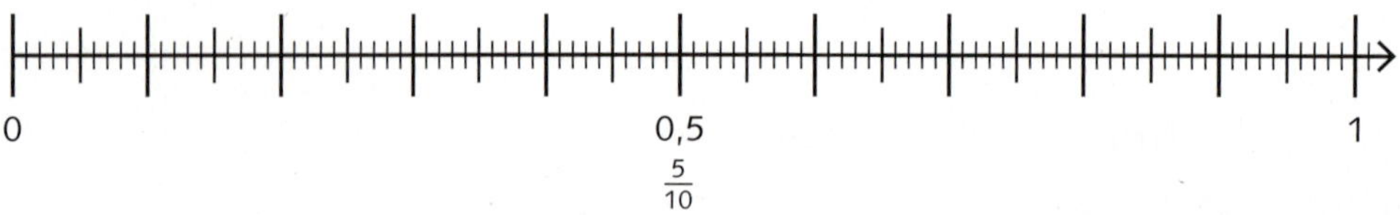

a) Sucht am Zahlenstrahl: 0,4 und $\frac{4}{10}$; 0,7 und $\frac{7}{10}$; 0,6 und $\frac{6}{10}$; 0,9 und $\frac{9}{10}$.

b) Welche Zahlen sind gleich groß? Ordnet zu und notiert im Heft.

A 0,6	B 0,3	C 0,5	D 0,8	E 0,2	F 0,9
1 $\frac{8}{10}$	2 $\frac{2}{10}$	3 $\frac{6}{10}$	4 $\frac{9}{10}$	5 $\frac{5}{10}$	6 $\frac{3}{10}$

3

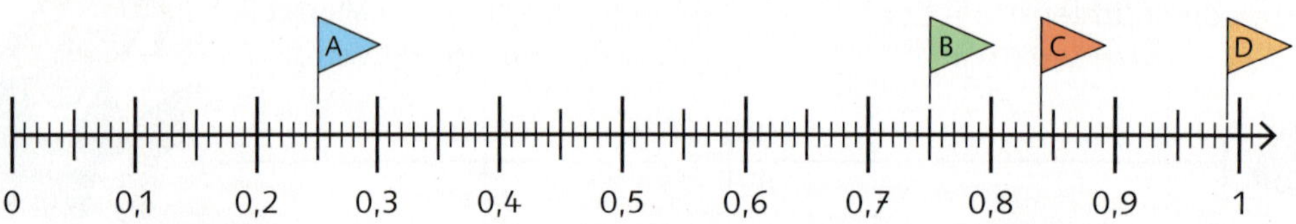

a) Wie heißt die Zahl bei A? Überlege gemeinsam mit deinem Partner.

b)

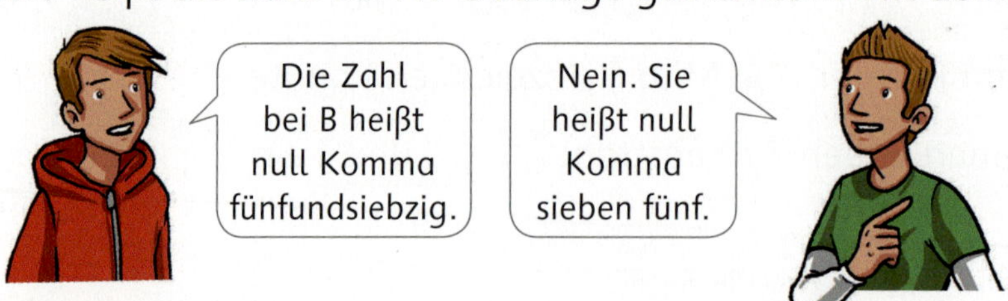

Erzählt. Worauf müsst ihr beim Sprechen der Zahlen achten?

c) Sprecht die Zahlen, die bei C und D sind. Kontrolliert euch gegenseitig.

d) Zeige deinem Partner eine Zahl am Zahlenstrahl.
Dein Partner spricht die Zahl. Wechselt euch ab.

4 a) Erzähle.

b) Was meinst du? Begründe.

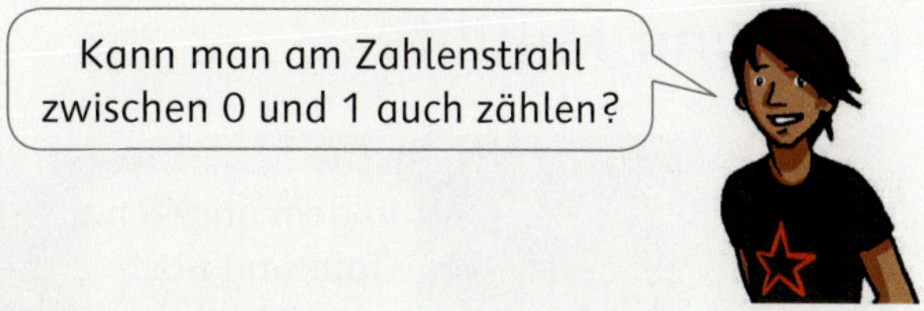

5 a)

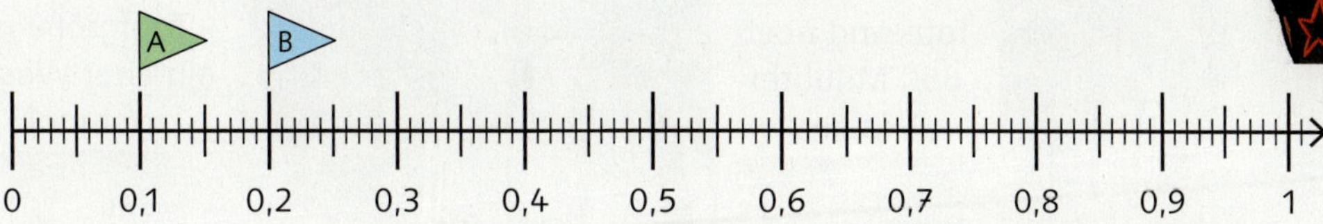

Zähle von 0,1 bis 0,2. Sprich die Zahlen. Dein Partner kontrolliert.

b)

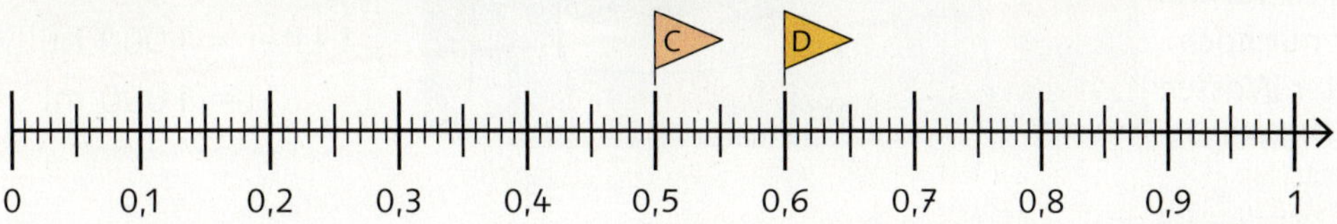

Zähle von 0,5 bis 0,6. Sprich die Zahlen. Dein Partner kontrolliert.

c)

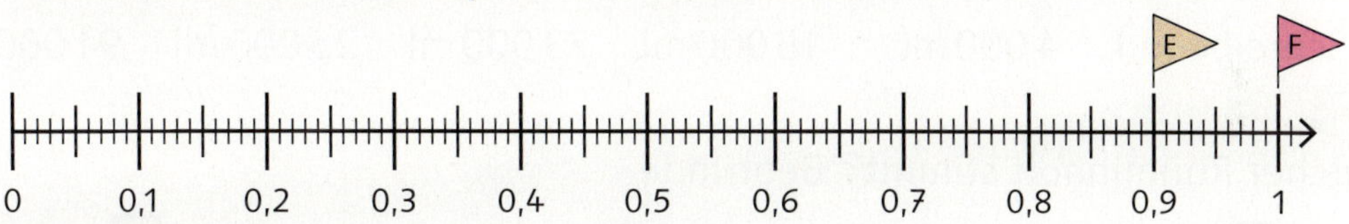

Zähle von 0,9 bis 1. Sprich die Zahlen. Dein Partner kontrolliert.

6 a) Erzähle.

b) Was meinst du? Begründe.

7 a)

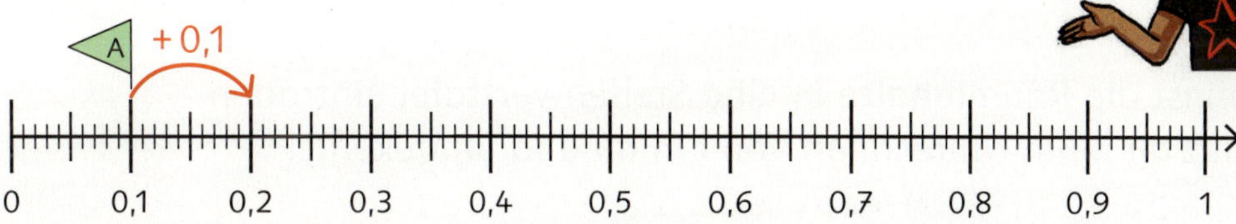

Welche Rechenaufgabe ist hier dargestellt? Besprich mit deinem Partner.

b)

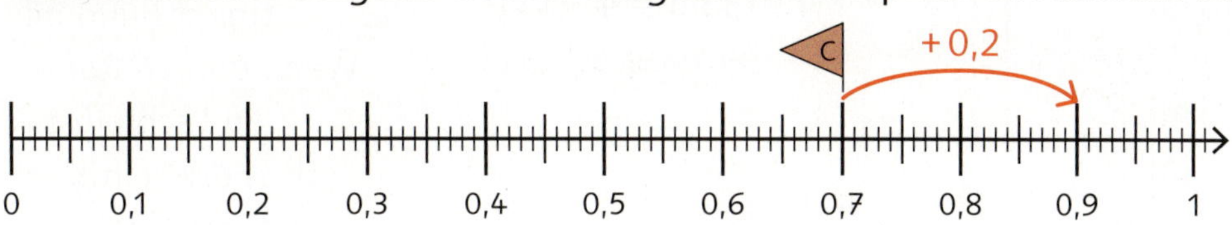

Welche Rechenaufgabe ist hier dargestellt? Besprich mit deinem Partner.

c)

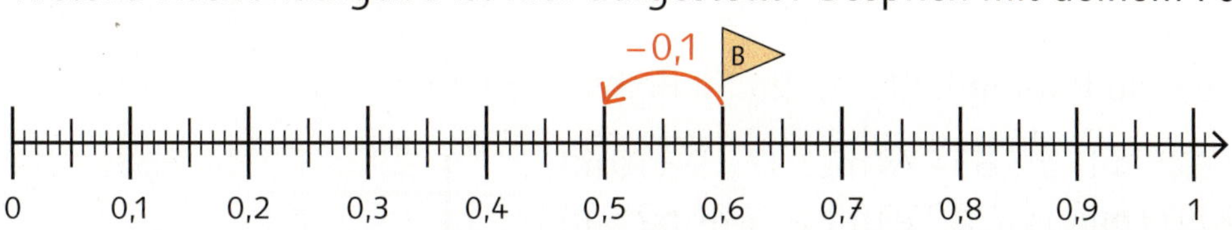

Welche Rechenaufgabe ist hier dargestellt? Besprich mit deinem Partner.

Liter und Milliliter

1 Erzähle.

1 Liter = 1 000 Milliliter
1 l = 1 000 ml

2 a) Schreibe in ml: 9 l 4 l 5 l 841 ml 2 l 308 ml 6 l 940 ml 1 l 219 ml

b) Schreibe in l: 4 000 ml 18 000 ml 73 000 ml 25 000 ml 91 000 ml

3 Welcher Rauminhalt stimmt? Begründe.

250 ml | 2 l

800 ml | 8 ml

$\frac{1}{2}$ l | 5 l

4 l | 40 l

4 Du kannst die Rauminhalte in eine Stellenwerttafel eintragen.
Das hilft dir beim Umrechnen von l in ml und umgekehrt.

	l		ml		
4 913 ml		4	9	1	3
16 584 ml					
27 206 ml					
5 310 ml					

4 913 ml = 4,913 l

Übertrage ins Heft und ergänze.

Der rote Strich trennt l und ml.
Wenn du den Rauminhalt in l schreibst, muss dort ein Komma gesetzt werden.

5 Schreibe die Rauminhalte in die Stellenwerttafel und rechne in l um.

a) 4 625 ml, 17 809 ml, 3 158 ml
b) 63 478 ml, 2 940 ml, 17 306 ml
c) 9 310 ml, 84 525 ml, 6 873 ml

l	ml		
4	6	2	5

4 6 2 5 ml = 4,6 2 5 l

Die Stellenwerttafel

1 a) Erzähle.

b) An der ersten Stelle nach dem Komma stehen die Zehntel. An der zweiten Stelle nach dem Komma stehen die Hundertstel.

Wie heißt die dritte Stelle nach dem Komma?

Zehner Z	Einer E	Zehntel z	Hundertstel h	■
	4	9	1	3

c) Übertrage die Merksätze in dein Heft und ergänze. Zwischen Einer und Zehntel steht ■. Die Stellen ■ dem Komma heißen Nachkommastellen.

2 Übertrage ins Heft.
Schreibe die Kommazahl.

Z	E	z	h	t	
5	9	8	3	4	59,834
	6	2	7		
	1	7	4	2	
4	6	8			
	7	5	2	9	

3 Übertrage ins Heft.
Schreibe in die Stellenwerttafel.

	Z	E	z	h	t
17,154	1	7	1	5	4
6,918					
2,31					
59,6					
8,154					

Die Schüler sollen die Kommazahlen sprechen.

Mixgetränke

1 Erzähle.

Apfelschorle
$\frac{1}{4}$ l Apfelsaft
$\frac{3}{4}$ l Mineralwasser

KiBa
500 ml Bananensaft
250 ml Kirschsaft

Spezi
300 ml Orangenlimonade
350 ml Cola

Kinderpunsch
500 ml Früchtetee
250 ml Apfelsaft
250 ml Orangensaft
Honig und Zimt nach Geschmack

2 Gib das Rezept für Apfelschorle in ml an.

3 Wie viele ml Getränk werden jeweils laut Rezept hergestellt? Berechne für alle vier Rezepte.

4 Im Kühlschrank stehen noch 4 Liter Bananensaft und 3 Liter Kirschsaft. Wie viele Liter KiBa können noch nach diesem Rezept gemixt werden?

5 Greta möchte 5 Liter Kinderpunsch mixen. Wie lange muss der Tee ziehen?

6 Beim Schulfest wurden 7,5 Liter (7 500 ml) KiBa verkauft. Vom Kinderpunsch wurde doppelt so viel verkauft. Wie viele ml Früchtetee und wie viele ml Saft wurden dafür verwendet?

7 Paul möchte 3 Liter Apfelschorle herstellen. Wie viele Liter Apfelsaft und wie viele Liter Mineralwasser benötigt er dafür?

8 Fermi-Aufgabe: Wie viele Liter Saft hat ein Supermarkt vorrätig?

Große Rauminhalte

1 Wie groß könnte der Rauminhalt dieses Berliner Aquariums sein?

Das ist das größte frei-stehende Aquarium. Es ist 25 Meter hoch und hat einen Fahrstuhl in der Mitte.

In dem Aquarium sind 1 500 Fische und 1 000 000 Liter Wasser.

In den Fahrstuhl passen bis zu 48 Personen.

2 Recherchiere: In welchen Städten findest du noch große Aquarien? Wie viele Liter Wasser passen in diese Aquarien?

3 a) Welcher Rauminhalt stimmt? Begründe.

250 l | 25 000 l

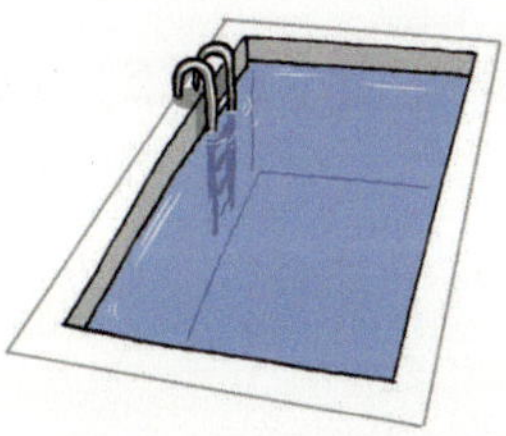

750 000 l | 750 l

1 l | 100 l

120 000 l | 1 000 000 l

b) Ordne der Größe nach. Beginne mit dem größten Rauminhalt.

4 Im Schwimmbad muss das Wasser immer frisch und sauber sein. Deshalb werden wöchentlich pro Badegast 40 l Wasser erneuert. In der Woche kommen 950 Besucher ins Schwimmbad.

a) Wie viele Liter Wasser werden pro Woche ausgetauscht?

b) Das Schwimmbad hat einen Rauminhalt von 380 000 l. Nach wie vielen Wochen wird das Wasser einmal komplett ausgetauscht?

Übung und Wiederholung

1 Rechne im Kopf.

a) 500 − 1
5000 − 1

b) 700 − 5
7000 − 5

c) 100 − 9
1000 − 9

d) 300 − 7
3000 − 7

e) 800 − 30
8000 − 30

f) 400 − 60
4000 − 60

g) 200 − 40
2000 − 40

h) 600 − 90
6000 − 90

2 Rechne halbschriftlich wie Anna.

8200 − 2500 = 5700
8200 − 2000 = 6200
6200 − 500 = 5700

a) 8200 − 2500
9600 − 4900
6400 − 3800

b) 9400 − 2600
7100 − 3500
8300 − 5400

3 Schreibe stellengerecht untereinander und berechne die Differenz.

Die Differenz von 7582 − 2166 ist 5416.

Das Ergebnis einer Subtraktion heißt Differenz.

a) 7582 − 2166
6864 − 3648

b) 8946 − 1653
9696 − 4775

c) 9485 − 2630
7438 − 3303

d) 5727 − 1208
8596 − 6049

🔑 2547 3216 4135 4561 4519 4921 5416 6855 7293

4 Rechne zuerst den Überschlag und dann genau. Kontrolliere mit der Probe.

6480 − 1245

Ü: 6000 − 1000 = 5000

R:

T	H	Z	E
		7	10
6	4	~~8~~	~~0~~
− 1	2	4	5
5	2	3	5

P:

T	H	Z	E
5	2	3	5
+ 1	2	4	5
		1	
6	4	8	0

a) 6480 − 1245
b) 6085 − 3821
c) 7309 − 3224
d) 9480 − 6279
e) 4075 − 1234
f) 9608 − 3465
g) 8406 − 3586
h) 7083 − 4956

5 Rechne zuerst den Überschlag.
Rechne dann genau und kontrolliere mit dem Taschenrechner.

a) 8437 − 2691
9078 − 4869

b) 9654 − 3579
9743 − 4665

c) 7266 − 1817
4969 − 3879

d) 6840 − 3186
8738 − 4694

6

Anna und Kenan rechnen fast die selbe Aufgabe.
Schaut genau: Was ist anders? Rechnet und überlegt.
Was muss beachtet werden?

7 Rechne die Aufgabenpaare schriftlich.

a) 8604 − 3142 8602 − 3144

b) 9803 − 6157 9807 − 6153

c) 7309 − 3271 7301 − 3279

Tipp: Überlege bei jeder Aufgabe mit einer Null genau, wie du rechnen musst.

8 Berechne die folgenden Sachaufgaben. Stelle eine sinnvolle Frage und entscheide, ob du halbschriftlich oder schriftlich rechnen willst.

a) Herr Reiß fährt pro Jahr 7400 km mit seinem Motorrad.
Herr Elbrecht fährt mit seinem Motorrad 4900 km pro Jahr.

b) Die Firma „Gute Bohne" hat in einem Jahr 7200 t Kaffeebohnen geliefert.
Im folgenden Jahr waren es 6750 t.

c) Es gibt auf der Erde ungefähr 6 600 verschiedene Amphibienarten.
Im Tierlexikon stehen ungefähr 800 Hunderassen.

d) Die neue Musikanlage „Super Sound II" kostet im Fachhandel 1490 €.
Im Internet gibt es das Vorgängermodell „Super Sound I" gebraucht für 649 € zu kaufen.
Wie würdest du dich entscheiden? Begründe deine Entscheidung.

Subtraktion bis 100 000

1 Setze die Reihen fort. Schreibe in dein Heft wie Ina. Lies die Reihen vor.

a) 95 000, 90 000, …, 50 000 b) 44 000, 42 000, …, 26 000

c) 65 000, 62 000, …, 38 000 d) 50 300, 50 200, …, 49 300

e) 70 070, 70 060, …, 69 970 f) 10 005, 10 004, …, 9 995

2 Übertrage die Aufgaben in dein Heft und rechne.

									★
a)	20 000	–	1	50	100	4 000	10 000		140
b)	40 000	–	6	20	300	7 000	20 000		500
c)	70 000	–	2	80	600	5 000	30 000		3 200
d)	100 000	–	5	30	900	8 000	60 000		26

3 Stellt euch mit den Zahlen gegenseitig Subtraktionsaufgaben.
Welche sind besonders leicht oder schwer zu rechnen? Begründet.

90 000, 80 000, 100 000, 50 000, 60 000 – 2, 99, 10, 20 000, 50, 9, 100, 35, 700, 3 000, 70 000, 120

4 Rechne zuerst den Überschlag. Rechne dann genau.

53 000 – 24 000

Ü: 50 000 – 20 000 = 30 000

R: 53 000 – 24 000 = 29 000
53 000 – 20 000 = 33 000
33 000 – 4 000 = 29 000

a) 53 000 – 24 000

b) 91 000 – 25 000

c) 83 000 – 38 000

d) 72 000 – 49 000

5 Ganz viele Nullen. Rechne wie Dana und Juri.

a) 70 000 – 24 695
80 000 – 54 629
90 000 – 37 405
100 000 – 34 567

b) 60 000 – 46 739
50 000 – 26 496
100 000 – 78 345
30 000 – 26 487

c) 78 000 – 42 675
49 000 – 26 429
67 000 – 5 138
95 000 – 53 576

d) 56 000 – 42 803
88 000 – 63 796
96 000 – 45 678
126 000 – 13 465

6 Rechne schriftlich. Achte auf die Nullen.

a) 86 502 – 33 333
70 185 – 22 222
85 600 – 21 345

b) 48 068 – 14 594
48 098 – 14 564
48 088 – 14 584

c) 57 406 – 2 398
83 075 – 1 895
78 000 – 6 472

🔑 33 474 33 504 33 534 47 963 53 169 55 008 55 031 64 255 71 528 81 180

7 Rechne zuerst den Überschlag. Rechne dann genau.

a) 74 875 – 26 218
57 248 – 3 695
96 531 – 21 277

b) 82 615 – 78 165
76 286 – 25 538
63 984 – 56 375

c) 54 695 – 19 815
78 140 – 7 060
92 535 – 22 158

🔑 4 450 4 609 7 609 34 880 48 657 50 748 53 553 70 377 71 080 75 254

8 Berechne die Differenz. Kontrolliere mit dem Taschenrechner.

a) 74 608 – 22 222
86 350 – 33 333
90 586 – 44 444

b) 70 850 – 3 416
56 070 – 12 432
60 508 – 24 371

c) 82 040 – 75 516
91 607 – 84 214
43 860 – 36 555

Mathe mit Methode: Lernplakat

Ein Lernplakat erstelle ich, wenn ich meine Arbeitsergebnisse in der Klasse vorstellen möchte. Ich kann auch ein Lernplakat erstellen, wenn ich wichtige Lerninhalte übersichtlich darstellen möchte.

Die Klasse 7b soll heute ein Lernplakat in Partnerarbeit erstellen. Die Lehrerin lost die Partner aus. Nele arbeitet mit Lena zusammen. Alles, was man dazu gebrauchen kann, siehst du auf der Abbildung.
Jede Gruppe soll ihre Ergebnisse anschließend der Klasse präsentieren.

Lena und Nele erstellen ein Lernplakat für ihre Präsentation:

Regeln für ein Lernplakat

1. Überschrift
2. Große und deutliche Schrift auf hellem Papier
3. Skizzen, Bilder oder Fotos zur Veranschaulichung
4. Maximal drei Farben zum Hervorheben benutzen

1 Was können Lena und Nele bei der Präsentation ihres Plakates sagen?

- Worauf sollten sie achten, wenn sie zu euch sprechen?
- Was wollt ihr wissen?
- Was könnt ihr dabei lernen?
- Wie könnt ihr eine Rückmeldung geben?

Zuammenfassung S. 160

Vogelzählung in Deutschland

Jedes Jahr bittet der NABU[1] darum, die Vögel im eigenen Garten zu zählen und die Anzahl zu melden. Sehr viele Menschen zählen mit. Die Zahlen sagen uns nicht, wie viele Vögel es gibt, sondern nur, wie viele Tiere gezählt wurden.

Vogelart	Zählung 2009	Zählung 2010
Haussperling	124 063	116 619
Amsel	99 250	100 242
Kohlmeise	66 000	68 642
Blaumeise	51 799	55 425
Star	54 889	51 596
Elster	42 635	38 798
Grünfink	35 916	38 070
Buchfink	31 668	31 668
Mauersegler	41 330	30 171
Mehlschwalbe	44 608	29 441

1 Wie viele Elstern wurden 2010 weniger gemeldet als 2009?

2 Wie viele Kohlmeisen wurden 2010 mehr gesehen als Blaumeisen?

3 Wie groß ist 2009 die Differenz zwischen der Anzahl des Haussperlings und der Anzahl der Amsel?

4 Denkt euch eigene Fragen aus. Gestaltet ein Lernplakat. Beachtet die Regeln auf Seite 68.

5 Welche Vogelarten könnt ihr bei euch im Garten oder auf dem Schulhof beobachten? Sucht Informationen über die einzelnen Vogelarten. Auf welchem Stand sind die Vogelzählungen zurzeit? Wie könntet ihr eure Ergebnisse in der Klasse präsentieren?

1 Naturschutzbund Deutschland e. V.

Einmal um die Welt

Tipp: Bearbeite die Aufgaben in fünf Schritten:
1. Frage stellen 2. Überschlag 3. Rechnung 4. Kontrolle 5. Antwort

Der Äquator umspannt die Erde. Er ist ungefähr 40 000 km lang.

1 a) Über Land verlaufen 8 685 km des Äquators.

b) Über Afrika verläuft der Äquator gleich über mehrere Länder auf einer Länge von ungefähr 3 800 km. Über Südamerika sind es etwa 3 300 km.

c) Über den Atlantik verläuft der Äquator ungefähr 6 600 km und über den Pazifik ungefähr 16 200 km.

★ d) Findet heraus, wie viele Kilometer der Äquator über den Indischen Ozean verläuft.

2 Der Staat Indonesien liegt am Äquator.
Er besteht aus vielen großen und kleinen Inseln.

a) Über Borneo verläuft der Äquator. Sie ist die drittgrößte Insel der Welt. Auf ihr leben etwa 45 000 Orang-Utans. Ohne Borneo ist der Äquator 39 010 km lang.

b) Über die Insel Sumatra verläuft der Äquator entlang der Mitte der Insel. Ohne Sumatra verläuft der Äquator über 8 315 km Landfläche.

c) Seht im Weltatlas oder im Internet nach, über welche Inseln der Äquator noch verläuft. Könnt ihr selbst weitere Aufgaben erfinden und berechnen?

Wasserverbrauch in Deutschland

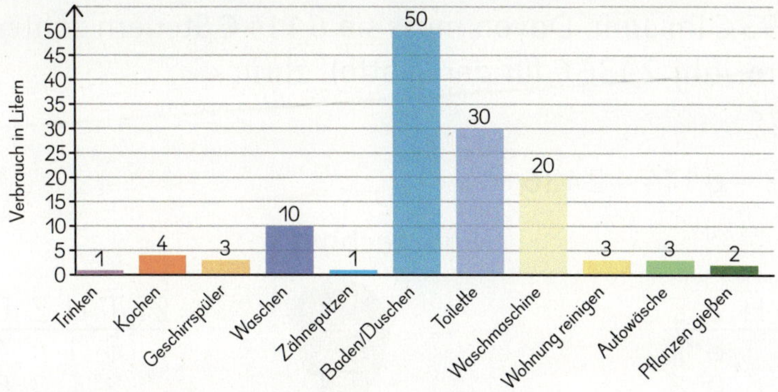

Info:
Das Diagramm zeigt Durchschnittswerte. Das bedeutet, dass manche Menschen mehr und andere Menschen weniger Wasser verbrauchen.

1 Betrachtet das Diagramm. Es zeigt, wie viel Liter Wasser jeden Tag „pro Kopf" in Deutschland verbraucht wird und wofür das Wasser verbraucht wird.

a) Wofür verbrauchen wir viel Wasser, wofür wenig Wasser?

b) Rechnet aus: Wie viel Wasser verbraucht ein Mensch pro Tag?

c) Wie viel Wasser benötigst du ungefähr im Jahr …
… zum Duschen? … zum Zähneputzen? … für die Toilettenspülung?

d) Informiert euch, wie ihr bei euch zu Hause Wasser sparen könnt.

e) Überlegt euch weitere Aufgaben zum Diagramm.

2 Erforscht den Wasserverbrauch zu Hause und in der Schule.

a) Wo ist der Wasserzähler bei euch zu Hause und bei euch in der Schule?

b) Lest jeweils an zwei aufeinanderfolgenden Tagen den Zählerstand ab.

c) Wie hoch ist der Wasserverbrauch pro Tag?

d) Wie hoch ist der Wasserverbrauch pro Kopf und Tag?

e) Vergleicht den Wasserverbrauch bei euch zu Hause mit dem Wasserverbrauch in der Schule. Was fällt euch auf?

f) Überlegt euch, welche Möglichkeiten es gibt, in der Schule Wasser zu sparen.

g) Präsentiert eure Ergebnisse auf einem Lernplakat.

Gemischte Aufgaben

1 Frau Becker verdient 27 693 € im Jahr. Davon muss sie 6 114 € Steuern zahlen. Außerdem legt sie in einem Jahr 2 436 € für den Notfall zurück. Wie viel Geld bleibt übrig?

Die Aufgabe heißt: 27 693 – 6 114 – 2 436

Lena rechnet so:

	ZT	T	H	Z	E
				8	13
	2	7	6	~~9~~	~~3~~
–		6	1	1	4
	2	1	5	7	9

	ZT	T	H	Z	E
	1	11			
	~~2~~	~~1~~	5	7	9
–		2	4	3	6
	1	9	1	4	3

Paul rechnet so:

	ZT	T	H	Z	E
		6	1	1	4
+		2	4	3	6
				1	
		8	5	5	0

	ZT	T	H	Z	E
	1	17			
	~~2~~	~~7~~	6	9	3
–		8	5	5	0
	1	9	1	4	3

Vergleicht, wie Lena und Paul rechnen. Wie würdest du rechnen?

2 Rechnet die Aufgaben auf verschiedene Weise. Ein Partner rechnet wie Lena, der andere wie Paul. Habt ihr das gleiche Ergebnis?

a) 67 638 – 21 350 – 13 845
b) 92 690 – 18 240 – 32 423
c) 87 629 – 9 225 – 52 362
★ d) 73 000 – 21 750 – 15 850

3 Erstellt in Kleingruppen ein Lernplakat mit dem Rechenweg, der euch gefällt und den ihr erklären könnt.

4 Schreibe stellengerecht untereinander und addiere.

	HT	ZT	T	H	Z	E
	1	2	6	4	1	3
+			5	1	5	9
+		1	3	2	1	8
			1		2	
	1	4	4	7	9	0

a) 126 413 + 5 159 + 13 218
b) 42 500 + 8 126 + 314 293
c) 435 440 + 17 100 + 20 700
d) 368 032 + 43 687 + 1 869
★ e) 29 130 + 54 286 + 16 584

5 Achte auf Addition und Subtraktion. Rechne halbschriftlich oder schriftlich.

a) 58800 – 16540	b) 87474 – 35409	c) 72000 – 3900
37630 + 59135	45740 + 23325	70360 – 24600
29000 + 37000	56499 – 8239	7420 + 9340

🔑 16760 36000 42260 45760 48260 52065 66000 68100 69065 96765

6 Rechne schriftlich. Kontrolliere mit dem Taschenrechner.

★

a) 76840 – 29280	b) 64695 – 58259	c) 85625 – 33268
28420 + 35670	95200 – 47000	6435 + 8265
58000 – 14895	34270 + 49180	44800 + 38000

7 Übertrage die Aufgaben in dein Heft und rechne.

								★
a)	54290	+	7	60	500	4000	30000	310
b)	96740	–	2	70	300	6000	50000	16000
c)	43584	+	6	30	100	2000	20000	416
d)	84578	–	6	50	800	8000	40000	6500

8 Der Landwirt Knop hat im letzten Jahr genau 32480 kg Kartoffeln geerntet. Dieses Jahr hat er 8270 kg weniger geerntet.

9 Bauer Meyer hat seinen Weizen geerntet. Von 38000 kg Weizen werden 27500 kg an den Händler geliefert und 1600 kg an Bauer Stade verkauft. Den Rest lagert er in seinem eigenen Silo ein.

10 Der Landwirt Harms hat sich neue Felder gekauft. Im letzten Jahr hat er 24800 kg Mais geerntet. Dieses Jahr konnte er 9200 kg mehr ernten.

11 Bauer Stade kauft einen gebrauchten Traktor mit einem Kilometerstand von 26470 km. Fünf Jahre später hat der Traktor einen Kilometerstand von 83400 km.

Das kannst du schon

1 Setze die Reihen fort.

a) 86 000, 85 000, …, 76 000

b) 70 004, 70 003, …, 69 994

c) 56 000, 52 000, …, 20 000

d) 90 600, 90 500, …, 89 600

2 Rechne im Heft.

a) 40 000 – 5
40 000 – 70
40 000 – 600
40 000 – 8 000

b) 35 000 – 2
35 000 – 60
35 000 – 900
35 000 – 5 000

c) 79 000 – 7
79 000 – 20
79 000 – 300
79 000 – 4 000

3 Rechne halbschriftlich.

a) 71 000 – 25 000
35 000 + 49 000

b) 86 000 – 39 000
94 000 – 48 000

c) 27 000 + 37 000
62 000 – 26 000

4 Übertrage die Aufgaben in dein Heft und rechne schriftlich.

a) 49 260 – 14 320
56 318 – 23 170
17 285 + 36 408

b) 72 842 – 18 427
35 270 + 28 325
84 645 – 31 207

c) 36 860 + 21 958
26 470 + 41 380
58 326 – 32 581

5 Rechne schriftlich im Heft.

a) 86 450 – 12 135
78 040 – 21 926
27 530 + 32 270

b) 70 850 – 36 218
64 700 – 21 387
75 081 – 21 231

c) 56 425 + 13 075
76 038 – 21 295
80 000 – 45 275

6 Überlege, wie du rechnen kannst.

a) 78 458 – 23 955 – 10 265

b) 46 250 + 23 125 + 18 434

c) 23 659 + 38 027 + 34 208

d) 95 680 – 22 435 – 12 520

7 Das Fußballstadion in Dortmund hat 80 720 Plätze.
Beim letzten Spiel sind nur 4 235 Plätze frei geblieben.

8 Im Jahr 2007 sind beim New-York-Marathon genau 38 676 Läufer ins Ziel gelaufen. Davon waren 26 142 Männer. Eine Marathonstrecke ist 42 195 m lang.

Aufgaben für Profis

1 Ergänze die fehlenden Zahlen. Schreibe die Reihen in dein Heft.

a) 72 500, 72 250, ■, 71 750, ■, ■, 71 000, ■, ■, ■, ■, 69 750

b) 80 000, 79 900, 79 700, 79 400, ■, 78 500, ■, ■, ■, ■, 74 500

2 Überlegt euch zu jeder Aufgabe verschiedene Fragen und rechnet. Welche Fragen lassen sich nur mit mehreren Rechenschritten beantworten?

a) Frau Krüger kauft sich ein neues Auto. Nach einem Jahr ist sie damit 22 500 km gefahren. Im nächsten Jahr möchte sie 5 000 km weniger fahren. Nach zwei Jahren zeigt der Kilometerzähler 41 350 km an.

b) Ein Marathon ist 42 195 m lang. Vor zwei Stunden ist der Startschuss gefallen. Herr Beermann hat schon 21 400 m geschafft, Herr Stade hat bis zum Ziel noch 14 600 m zu laufen.

c) Das Autobahnnetz der USA ist mit 75 376 km das längste der Welt. Das zweitlängste hat China mit 45 400 km und das drittlängste hat Deutschland. Dort gibt es 32 700 km weniger Autobahnen als in China.

3 Vervollständige die Aufgaben.

	ZT	T	H	Z	E
	3	✱		7	15
	~~4~~	~~2~~	✱	~~8~~	~~5~~
−	2	4	3	✱	8
	1	✱	3	5	✱

	ZT	T	H	Z	E
			7	✱	10
	✱	5	~~8~~	~~0~~	~~0~~
−	2	3	✱	2	5
	7	2	3	✱	✱

	ZT	T	H	Z	E
		✱	15	11	
	3	~~5~~	✱	~~1~~	8
−	✱	2	9	5	✱
	2	2	✱	6	8

	ZT	T	H	Z	E
			✱	10	
	7	5	✱	✱	8
−	4	1	2	5	✱
	✱	4	3	5	3

4 Greta und Noah vergleichen ihre Aufgaben. Bei einigen finden sie Fehler. Findest du die Fehler auch? Kannst du sie erklären?

	ZT	T	H	Z	E
				17	
	8	6	8	~~7~~	0
−	2	3	4	9	0
	6	3	4	8	0

	ZT	T	H	Z	E
	6	15		8	10
	7	~~5~~	6	~~9~~	~~0~~
−	1	8	3	4	0
	5	6	3	4	0

	ZT	T	H	Z	E
		6	15	10	
	6	~~7~~	~~5~~	~~0~~	8
−	4	2	8	6	6
	2	4	7	4	4

	ZT	T	H	Z	E
	6	12			13
	~~7~~	~~2~~	4	6	~~3~~
−	3	8	0	1	9
	4	4	4	4	4

5 Berechne die Differenz der Zahlen …

a) 96 und 34.
78 und 62.

b) 73 und 29.
57 und 38.

c) 120 und 38.
450 und 47.

d) 840 und 560.
740 und 490.

Aufgaben verstehen: Prüfen hilft weiter

1 Erzähle.

a) Kenan ist 1,62 m groß.
Sein Vater ist 27 cm größer.
Wie groß ist der Vater?

A: Der Vater ist 28,62 m groß.

b) Lena und Lisa gehen ins Kino. Der Film beginnt um 17:30 Uhr. Sie verlassen das Kino um 19:50 Uhr.
Wie lange dauerte der Film?

A: Der Film dauerte 20 Minuten.

2 Welche der Antworten sind falsch? Begründe.

a) Herr Schulz kauft für seine Kinder ein Spiel für 29,95 €.
Er bezahlt mit einem 50-€-Schein.

Wie viel Wechselgeld bekommt er zurück?

1 A: Er bekommt 20,05 € zurück.

2 A: Er bekommt 50,05 € zurück.

b) Frau Müller hat Zwillinge bekommen.
Der Junge wiegt 3,100 kg. Das Mädchen ist 200 g leichter.

Wie viel wiegt das Mädchen?

1 A: Das Mädchen wiegt 0,100 kg.

2 A: Das Mädchen wiegt 2,900 kg.

c) Paul ist 13 Jahre alt.
Seine Mutter ist dreimal so alt wie er.

Wie alt ist die Mutter?

1 A: Seine Mutter ist 4 Jahre alt.

2 A: Seine Mutter ist 39 Jahre alt.

d) Erfinde mit einem Partner ähnliche Aufgaben.
Lass sie von Mitschülern lösen.

Aufgaben verstehen: Tabellen helfen weiter

1

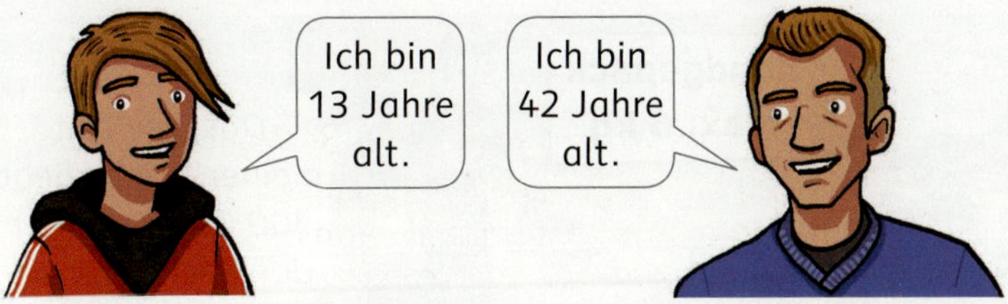

Alter von Ole	Alter von Oles Vater
13	42
14	43
15	■
16	■
17	■
18	■
19	■
20	■

Wie alt ist Oles Vater, wenn Ole 20 Jahre alt ist?

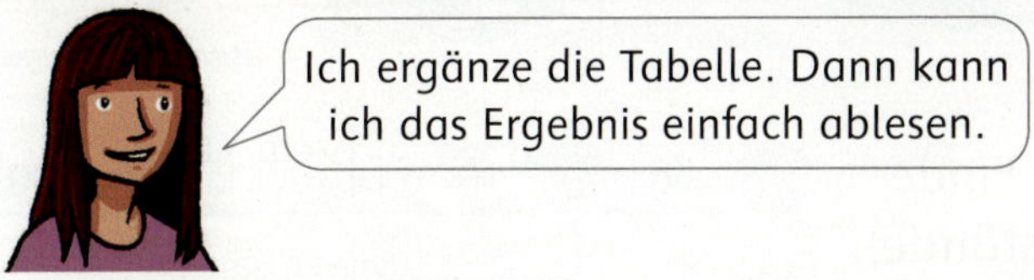

2 Übertrage die Tabellen in dein Heft und ergänze.

a) Ling-Ling war 11 Jahre alt, als ihre Schwester geboren wurde.
Wie alt ist ihre Schwester, wenn Ling-Ling volljährig wird?

Man wird mit 18 Jahren volljährig.

Alter von Ling-Ling	Alter von Ling-Lings Schwester
11	0
12	1
…	…
18	■

b)

Kinder	Eintritt
2	5 €
4	10 €
…	…
14	■

Lena und Lisa bezahlen im Schwimmbad zusammen 5 € Eintritt.
Wie viel Eintritt bezahlen 14 Kinder?

★ c) Ein Frachter braucht für eine Fahrt bei einer Geschwindigkeit von 10 Knoten 24 Tage.
Auf dem Rückweg fährt er mit einer Geschwindigkeit von 20 Knoten.
Wie viele Tage braucht er für die Rückfahrt?

Wenn man schneller fährt, braucht man weniger Zeit.

Geschwindigkeit	Tage
10 Knoten	24
20 Knoten	■

3 Lege jeweils eine passende Tabelle an und ergänze.

a) Anna ist jetzt 14 Jahre, ihre Mutter ist 39 Jahre alt.
Wie alt ist ihre Mutter, wenn Anna 25 Jahre alt ist?

b) Tim läuft im Stadion eine Runde. Das sind 400 m.
Sein Onkel läuft sechs Runden.
Wie viele Meter läuft er?

Knoten = Geschwindigkeitsmaß in der Luft- und Seefahrt; 1 Knoten = 1 Seemeile/Stunde = 1,852 km/h

Kilogramm und Gramm

1 Erzähle.

1 kg = 1 000 g

2 Übertrage die Tabelle ins Heft. Finde jeweils mindestens fünf Gegenstände, die ungefähr so viel wiegen.

1 g	100 g	1 kg	10 kg

3 a) Schreibe in g: 2 kg 8 g   4 kg 750 g   1 kg 560 g   9 kg 372 g

b) Schreibe in kg: 5 000 g   12 000 g   37 000 g   89 000 g

4 Schreibe die Gewichte in eine Stellenwerttafel und rechne um …

a) in kg,

4 320 g
12 kg 581 g
59 644 g

b) in g.

7,518 kg
93,424 kg
61 kg 852 g

kg	g		
4	3	2	0

4 3 2 0 g = 4,3 2 0 kg

5 a) Schreibe in kg und g: 6,517 kg   9,382 kg   15,609 kg   75,168 kg

b) Schreibe in g: 4 kg 329 g   2 kg 503 g   81 kg 170 g   35 kg 926 g

6 Schreibe in die Stellenwerttafel und ergänze die Nullen. Rechne in kg um.

a) 4 kg 3 g
4 kg 30 g
4 kg 300 g
7 kg 2 g

b) 13 kg 5 g
13 kg 50 g
13 kg 500 g
95 kg 8 g

kg	g		
4	0	0	3

4 kg 3 g = 4,0 0 3 kg

7 Schreibe in die Stellenwerttafel. Schreibe in kg und runde dann auf volle kg.

a) 4 591 g
2 kg 506 g
38 470 g

b) 19 033 g
72 kg 882 g
5 kg 416 g

c) 21 kg 742 g
66 490 g
9 538 g

kg	g		
4	5	9	1

4,5 9 1 kg ≈ 5 kg

8 Vergleiche. >, < oder = ?

a)		b)		c)	
2541 g ● 2,415 kg		13894 g ● 1,839 kg		25,360 kg ● 26430 g	
37840 g ● 39,140 kg		2705 g ● 27,005 kg		8249 g ● 8,249 kg	
6403 g ● 6,043 kg		53801 g ● 5,381 kg		74035 g ● 74,305 kg	

9 Rechne zuerst den Überschlag. Rechne dann genau.
Kontrolliere mit dem Taschenrechner.

a)	b)
3,815 kg + 6,942 kg	4822 g − 916 g
577 g + 3249 g	2,175 kg + 83,624 kg
12,437 kg − 6,418 kg	25317 g + 4881 g
83512 g − 19761 g	33,256 kg − 4,912 kg
74662 g + 5983 g	9,472 kg − 1,384 kg

Ü: 4 kg + 7 kg = 11 kg

	kg	g		
	3	8	1	5
+	6	9	4	2

10

a) Wie schwer war der Rucksack auf dem Hinflug?

b) Um wie viele Gramm blieb Pauls Rucksack unter der Höchstgrenze?

11 a) Wie viel Übergepäck hat die Gruppe insgesamt?

b) Wie viel Geld müssen sie dafür bezahlen?

12 Fermi-Aufgabe: Kaugummi

Wie viele Kilogramm Kaugummi werden in einem Jahr an eurer Schule gekaut?

Mathe mit Methode: Steckbrief

In der Schule gibt ein Steckbrief einen kurzen und genauen Überblick zu einem Thema. Er beschreibt übersichtlich wichtige Merkmale und Besonderheiten. Ein Foto oder ein Bild kann den Text ergänzen.

Die Klasse 7 b soll heute Steckbriefe für verschiedene Maßeinheiten erstellen.

Paul und Lena erstellen einen Steckbrief für die Maßeinheit Pfund:

Das Pfund

Größe: Gewicht

Zeichen: ℔

Umrechnung: 1 Pfund = 500 g
1 kg = 2 Pfund

wird verwendet: für Lebensmittel

Besonderheiten: wurde als offizielle Maßeinheit 1984 abgeschafft

Regeln für einen Steckbrief

1. Überschrift
2. Stichworte verwenden
3. Eigenschaften möglichst kurz und genau darstellen
4. Bild oder Foto

1 Was erfährst du aus dem Steckbrief? Erzähle.

2 a) Erstellt jeweils einen Steckbrief für diese Maßeinheiten.
Nutzt die Stichworte, die ihr auf dem Steckbrief zum Pfund findet.

Zentner | Doppelzentner | Unze | Karat

b) Vergleicht die vier Steckbriefe miteinander.
Welche Gemeinsamkeiten haben diese Maßeinheiten?
Welche Unterschiede könnt ihr finden?

Zuammenfassung S. 160

Schülerfirma „Mehlwurm“

1 Erzählě.

Bauernbrot

200 g Weizenmehl
300 g Vollkornmehl
1 TL Salz
ca. 400 ml Wasser
10 g frische Hefe
Körner zum Bestreuen

Brötchen
(16 Stück)

500 g Weizenmehl
30 g Hefe
1 TL Zucker
250 ml Wasser
1 gestrichener TL Salz

Rosinenbrötchen
(6 Stück)

150 g Quark
75 g Zucker
1 Pck. Vanillezucker
1 Prise Salz
4 EL Öl
2–3 EL Milch
300 g Weizenmehl
1 Pck. Backpulver
100 g Rosinen

2 a) Was bedeuten die Abkürzungen TL, EL und Pck.? Wie viel wiegt 1 TL Salz (1 TL Zucker, 1 EL Milch, 1 Pck. Backpulver, 1 Pck. Vanillezucker) ungefähr?

b) Wie viel ist eine Prise?

3 Diese Mehlpackung enthält ein Kilogramm.

Die Schülerfirma nimmt jede Woche Bestellungen von Lehrern und Schülern auf. In dieser Woche wurden 12 Brote und 64 Brötchen bestellt.

a) Berechnet für alle Zutaten die notwendige Menge.

b) Erstellt eine Einkaufsliste. Achtet auf die Verpackungsgrößen.

4 Berechnet für alle Zutaten die notwendige Menge.

Für das Schulfest brauchen wir noch 60 Rosinenbrötchen.

5 a) Erfinde eigene Aufgaben zu den Rezepten.

b) Schreibe das Rezept zu deinem Lieblingsessen auf. Erfinde dazu eine passende Sachaufgabe.

Tonne und Kilogramm

1 Erzähle.

1 t = 1 000 kg

2 a) Schreibe in kg: 4 t 9 t 27 t 36 t 84 t 345 t 942 t

b) Schreibe in t: 6 000 kg 43 000 kg 71 000 kg 298 000 kg

3 Welches Gewicht stimmt? Begründe.

7,5 t 75 t

275 t 275 kg

1 400 t 1 400 kg

60 kg 600 kg

4 Schreibe die Gewichte in eine Stellenwerttafel und rechne um …

a) in t,

5 317 kg
8 t 106 kg
22 t 793 kg

b) in kg.

5,073 t
81,914 t
35 t 228 kg

t	kg		
5	3	1	7

5 3 1 7 kg = 5,3 1 7 t

5 a) Schreibe in t und kg: 6,803 t 14,596 t 77,122 t 357,898 t

b) Schreibe in t: 3 t 290 kg 18 t 471 kg 45 t 774 kg 953 t 201 kg

6 Schreibe in die Stellenwerttafel und ergänze die Nullen. Rechne in t um.

a)
4 t 25 kg
43 t 92 kg
66 t 88 kg
2 t 13 kg

b)
8 t 2 kg
96 t 5 kg
737 t 1 kg
15 t 4 kg

t		kg		
	4	0	2	5
4	3		9	2

4 t 2 5 kg = 4,0 2 5 t

4 3 t 9 2 kg = 4 3,0 9 2 t

7 Schreibe in die Stellenwerttafel. Schreibe in t und runde dann auf volle t.

a) 8323 kg
9 t 504 kg
16411 kg

b) 35424 kg
24072 kg
768 t 199 kg

c) 2 t 603 kg
7319 kg
62888 kg

t	kg
8	3 2 3

8,323 t ≈ 8 t

8 Rechne zuerst den Überschlag. Rechne dann genau. Kontrolliere mit dem Taschenrechner.

Ü: 30000 kg + 8000 kg = 38000 kg

a) 26531 kg + 8417 kg
2,490 t + 31,501 t
73,618 t − 9,446 t
9537 kg − 9388 kg
4732 g + 8442 g

b) 35,406 t − 6,322 t
7,584 kg + 14,147 kg
2804 g − 1539 g
14,685 kg + 17,321 kg
435,114 t − 167,842 t

	t	kg
	2 6	5 3 1
+	8	4 1 7

9 Ein A 380 hat ein maximales Startgewicht von 560 t. Bei der Landung darf er höchstens 391 t wiegen. Wie viele t Kerosin muss ein vollgetanktes Flugzeug während des Fluges verbrauchen?

10 a) Wie viel wiegt das Kerosin insgesamt, wenn das Flugzeug vollgetankt ist? Rechne in t um.

b) Im Notfall können bis zu 150 t Kerosin pro Stunde abgelassen werden. Wie lange würde es etwa dauern, die Tanks vollständig zu entleeren?

11 Fermi-Aufgabe: A 380-800

In dieses Flugzeug passen 853 Passagiere.
Wie viele Tonnen wiegen die Passagiere zusammen, wenn alle Plätze belegt sind?

Radius, Durchmesser und Kreisumfang

1 Erzähle.

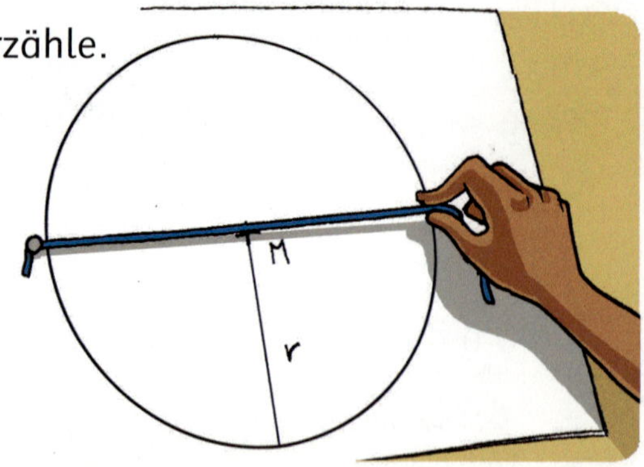

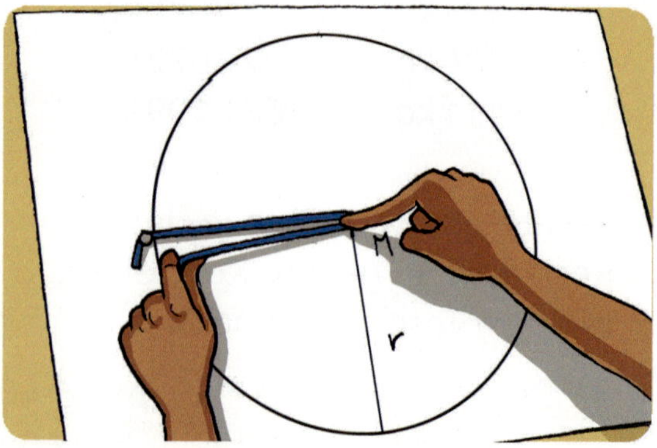

Der Durchmesser ist das Doppelte vom Radius. $d = 2 \cdot r$

Der Radius ist die Hälfte vom Durchmesser. $r = d : 2$

2 Ordne zu. Schreibe nebeneinander ins Heft.

d = 8 cm | r = 9 cm | d = 24 cm | d = 5 cm | d = 12 cm

r = 12 cm | d = 18 cm | r = 4 cm | r = 6 cm | r = 2,5 cm

3 Wie kannst du den Umfang von Kreisen ermitteln? Erzähle.

4 Erstellt ein Lernplakat.

- Die Überschrift lautet: Der Kreis – Umfang und Durchmesser
- Ihr braucht Dosen mit verschiedenen Durchmessern.
- Nehmt eine Dose und stellt sie auf ein Blatt Papier.
- Legt einen roten Faden um die Dose.
- Schneidet den Faden so ab, dass er genau einmal um die Dose passt.
- Befestigt den Faden unter dem Wort „Umfang".
- Umzeichnet die Dose mit einem roten Buntstift.
- Schneidet den Papierkreis aus und knickt ihn genau in der Mitte.
- Markiert die geknickte Mittellinie mit blauem Buntstift.
- Befestigt den Kreis unter dem Wort „Durchmesser".
- Vergleicht eure Ergebnisse.

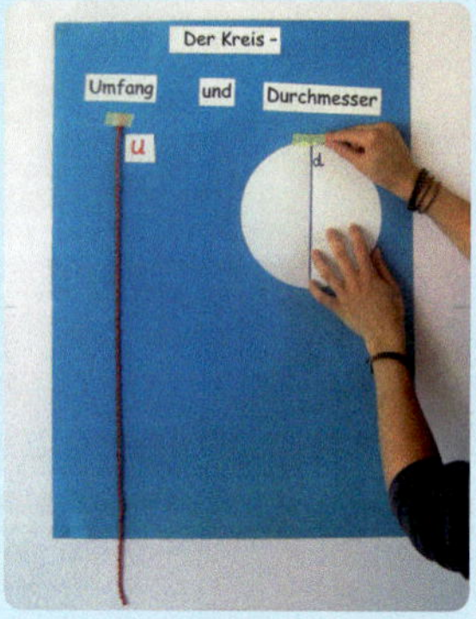

5

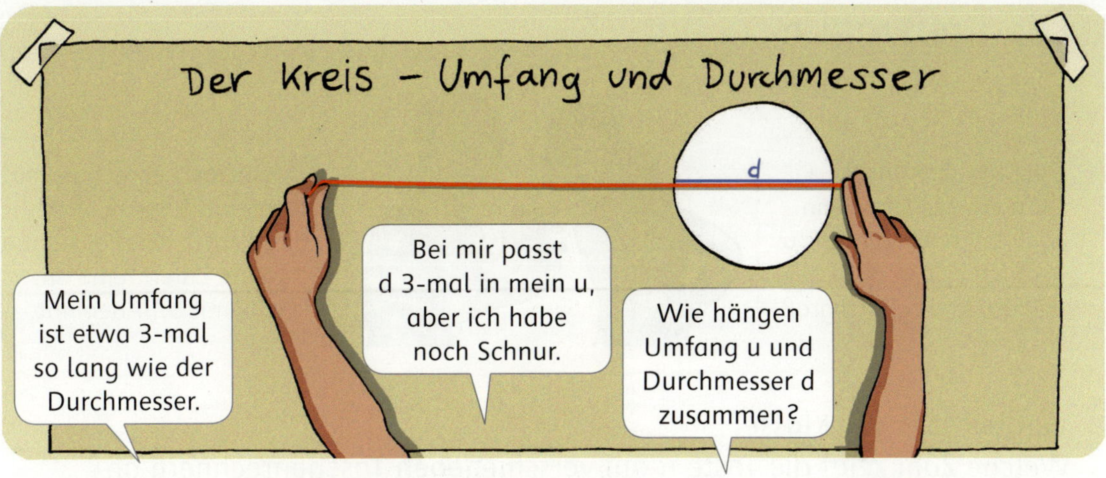

a) Stimmen die Aussagen? Überprüft mit Hilfe eurer Lernplakate.

b) Teilt mit dem Taschenrechner u durch d. Ergänzt euer Lernplakat.

c) Vergleicht eure Ergebnisse. Was fällt euch auf?

6 a) Zeichnet unterschiedlich große Kreise.

b) Ermittelt u und d. Teilt mit dem Taschenrechner u durch d.
Sammelt die Ergebnisse in einer Tabelle.

c) Vergleicht eure Ergebnisse in der Klasse. Was fällt euch auf?

Die Kreiszahl wurde bereits von den Griechen verwendet; seit 1761 spricht man von der Zahl Pi.

Die Kreiszahl π

1 Vergleicht in der Klasse:
Welche Zahl zeigt die Taste π auf verschiedenen Taschenrechnern an?

2 

Ein PC hat unter „Zubehör“ die Anwendung „Rechner“. Klicke darauf, und es wird ein Taschenrechner angezeigt. Klicke im Menü auf „Ansicht“, dann auf „wissenschaftlich“. Nun gibt es auch eine Taste π.

Finde heraus, was diese Taste anzeigt.

3 Recherchiere: Wie lautet die Kreiszahl π?

a) Versuche, sie aufzuschreiben.

b) Wer in der Klasse findet die meisten Stellen nach dem Komma?

4 Mathematiker haben sich geeinigt:
Häufig reicht π = 3,14.
Hätte man auch π = 3, π = 3,1 oder π = 3,141 sagen können? Überlegt gemeinsam.

> Die Kreiszahl π beträgt ungefähr 3,14.
> π ≈ 3,14

5 Multipliziere mit Pi. Rechne mit dem Taschenrechner

und verwende zuerst die Taste π und dann die Zifferntasten.

a) π · 6 cm = ▇ 3,14 · 6 cm = ▇

b) π · 19 cm = ▇ 3,14 · 19 cm = ▇

c) π · 57 cm = ▇ 3,14 · 57 cm = ▇

d) π · 207 cm = ▇ 3,14 · 207 cm = ▇

Vergleiche jeweils beide Ergebnisse miteinander. Was fällt dir auf?

6

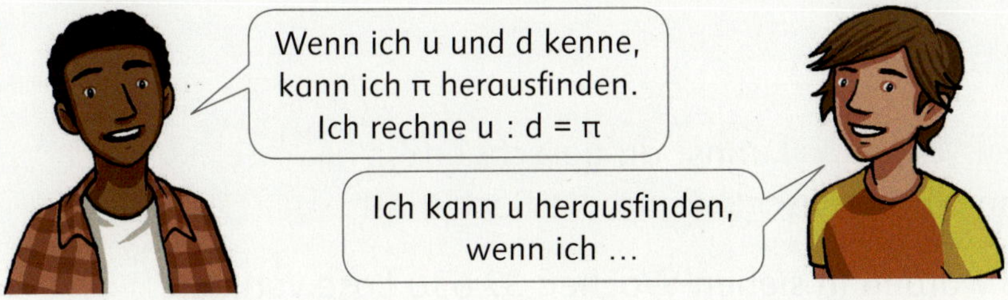

$u_\circ = \pi \cdot d$
$u_\circ = 3{,}14 \cdot d$
$\pi = u_\circ : d$

Rechne wie Tim. Wenn ein Kreis den Durchmesser d = 4 cm hat, wie groß ist sein Umfang u?

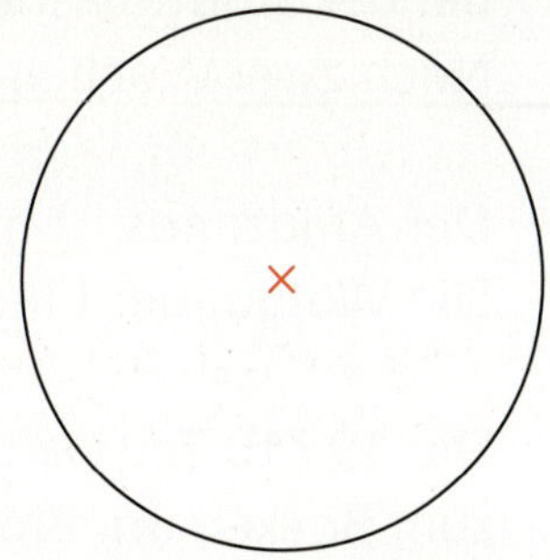

7 Berechne den Umfang u.
Runde auf zwei Stellen nach dem Komma.
Schreibe ins Heft.

a) d = 5 cm
$u_\circ = \pi \cdot d$
$u_\circ =$ ■

b) d = 8 cm
$u_\circ = \pi \cdot d$
$u_\circ =$ ■

c) d = 14 cm
$u_\circ = \pi \cdot d$
$u_\circ =$ ■

d) d = 22 cm
$u_\circ = \pi \cdot d$
$u_\circ =$ ■

e) d = 57 cm
$u_\circ = \pi \cdot d$
$u_\circ =$ ■

15,71 cm   25,13 cm   33,17 cm   43,98 cm   69,12 cm   179,07 cm

8 Rechne wie Mira. Schreibe in dein Heft.

a) r = 9 cm
d = 2 · r
$u_\circ = \pi \cdot d$
$u_\circ =$ ■

b) r = 13 cm
d = 2 · r
$u_\circ = \pi \cdot d$
$u_\circ =$ ■

c) r = 18 cm
d = 2 · r
$u_\circ = \pi \cdot d$
$u_\circ =$ ■

48,04 cm   56,55 cm   81,68 cm   113,10 cm

9 Welcher Durchmesser passt zu welchem Umfang? Überschlage.

A 3 cm   B 9 cm   C 8 cm   D 11 cm

E 3,9 cm   F 6,2 cm   G 7 cm   H 5 cm

1 28,27 cm   2 15,71 cm   3 9,42 cm   4 19,48 cm

5 34,56 cm   6 21,99 cm   7 12,25 cm

10 Knobelaufgabe: Wie groß ist der Umfang eines Halbkreises mit r = 4 cm?
Denke, rechne oder probiere.

Bist du fit?

Welche der Aufgaben 1 bis 5 kannst du berechnen?
Lies zuerst genau und wähle anschließend die Rechenart.

1 Bei der Stadtlotterie wurden in sieben Wochen 37 630 Lose verkauft. Nach zwei Wochen wurden 1 896 Gewinne vergeben.

2 Der Amazonas ist mit 6 518 km der zweitlängste Fluss der Welt. Die Wolga, der längste Fluss Europas, ist 3 688 km lang.

3 Die 19 710 Tage alte Frau Wolf fährt jeden Tag 32 614 m mit dem Fahrrad zum Bäcker, um Brötchen zu kaufen.

4 Das Empire State Building steht in New York und ist 380 m hoch. Der Eiffelturm in Paris ist 59 m niedriger.

5 Zum Spitzenspiel Hannover gegen Madrid kommen 12 796 Fans mit einer Dauerkarte. Im Vorverkauf kaufen 14 559 Zuschauer ihre Tickets. An der Kasse Nordkurve werden 11 949 verkauft, an der Kasse Südkurve weitere 9 696 Karten.

6 Tomatenketchup selbst herstellen

a) Was bedeutet die Abkürzung EL? Wie viel wiegt ein EL Zucker (1 EL Salz) ungefähr?

b) Welche Zutat musst du mit dem Messbecher abmessen? Welche Zutat wiegst du ab? Welche Zutaten werden nach Geschmack dazugegeben?

c) Die Klasse 7 will für ein Schulfest die siebenfache Menge herstellen. Berechne für alle Zutaten die jeweils notwendige Menge.

d) Lena möchte nur die Hälfte des angegebenen Rezepts herstellen. Berechne für alle Zutaten die jeweils notwendige Menge.

Tomatenketchup

800 g Tomaten
200 ml Essig
4 EL Zucker
1 EL Salz
1 grüne Paprika
1 Zwiebel
Tomatenmark
Paprikapulver

- Tomaten, Paprika und Zwiebel waschen, klein schneiden
- Gemüse, Gewürze und Tomatenmark 20 Minuten lang kochen, dabei gut umrühren
- mit dem Stabmixer fein zerhacken
- Ketchup abkühlen lassen und in Gläser abfüllen

7 Verfeinere die Brüche in Zwölftel. Wie viele Zwölftel sind dann markiert? Fertige eine Skizze an. Schreibe in dein Heft.

a) 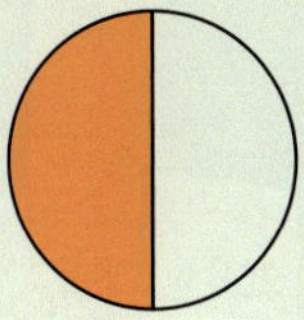

b) 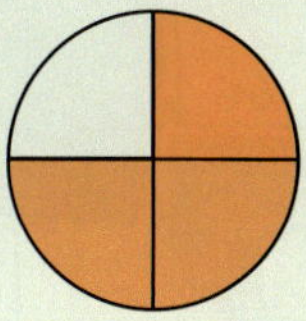

c) 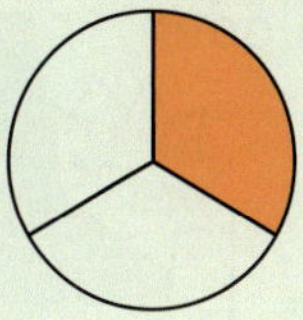

8 In die Klasse 7 gehen 15 Kinder, ein Drittel davon sind Mädchen.

a) Wie viele Schülerinnen sind das?

b) Fertige eine Skizze an. Schreibe in dein Heft.

9 Wie heißt der Bruch? Ordne zu: $\frac{1}{5}$, $\frac{1}{4}$, $\frac{1}{3}$, $\frac{1}{2}$

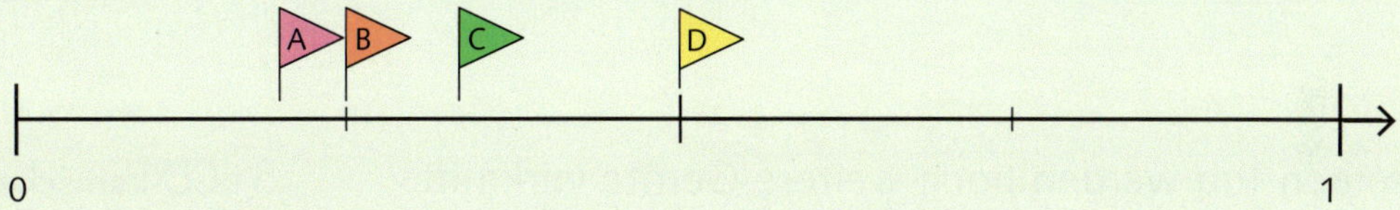

10 Welche Rechenaufgaben sind hier dargestellt? Schreibe in dein Heft.

a) 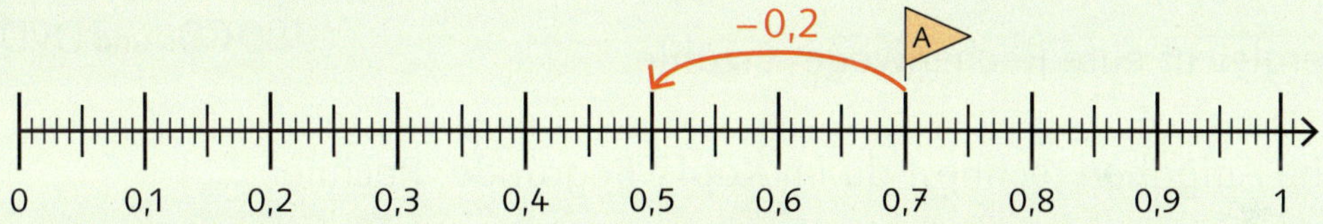

b) 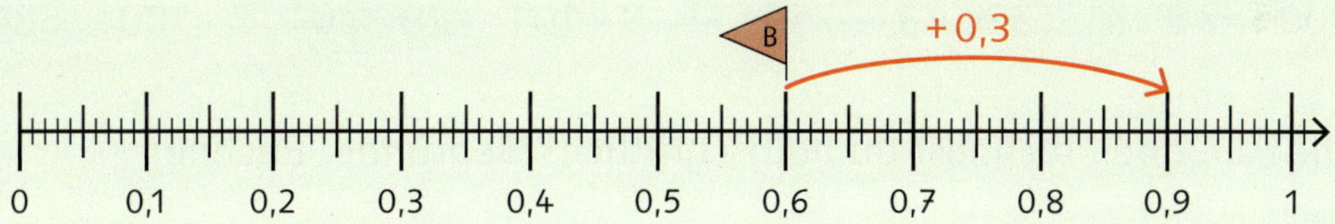

11 Im Freibad wird ein neues, kreisrundes Babybecken gebaut. Es hat den Abfluss genau in der Mitte. Die Strecke vom Abfluss bis zum Rand ist 3 m lang. Der Außenrand wird mit bunten quadratischen Fliesen gepflastert.

a) Berechne den Umfang des Beckens.

b) Die bunten quadratischen Fliesen haben eine Seitenlänge von 5 cm. Wie viele Fliesen werden insgesamt benötigt?

Wiederholung

1 Im Elektroladen

Am Eröffnungstag werden vier Stereoanlagen verkauft. Wie kannst du rechnen?

Addition

	4	2	0
	4	2	0
	4	2	0
+	4	2	0

halbschriftliche Multiplikation

4	·	4	2	0	=		
4	·	4	0	0	=		
4	·		2	0	=		

schriftliche Multiplikation

4	2	0	·	4

2 Am selben Tag werden noch weitere Geräte verkauft.

a) Bilde Aufgaben.

b) Wie rechnest du? Begründe.

c) Vergleicht eure Rechenwege. Erzähle.

5 LCD-Fernseher
3 Laptops
8 Kaffeemaschinen
7 externe Festplatten
80 CDs und DVDs

3 Welche Aufgaben rechnest du im Kopf? Begründe. Rechne.

4 · 200 | 48 · 4 | 330 · 3 | 759 · 8 | 9 · 101 | 20 · 30 | 7 · 100 | 584 · 1

4 Welche Aufgaben rechnest du halbschriftlich? Begründe. Rechne.

61 · 6 | 3 · 234 | 689 · 7 | 150 · 5 | 6 · 160 | 502 · 8 | 330 · 1 | 320 · 9

5 Welche Aufgaben rechnest du schriftlich, halbschriftlich oder im Kopf?

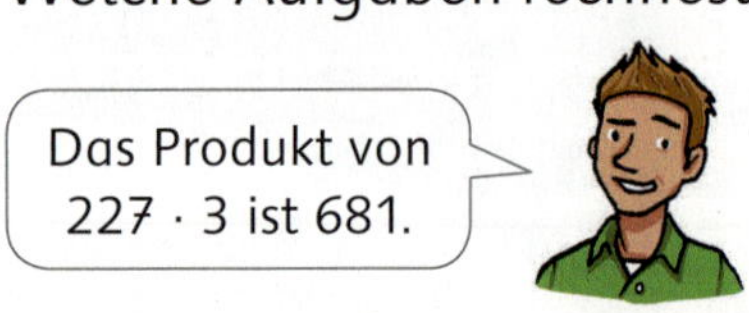

Das Ergebnis einer Multiplikation heißt Produkt.

227 · 3 | 4 · 222 | 3 · 317 | 323 · 3 | 7 · 133 | 800 · 2 | 171 · 8 | 135 · 6

125 · 8 | 222 · 4 | 214 · 4 | 4 · 400 | 9 · 105 | 459 · 9 | 6 · 100

a) Begründe deine Entscheidung.

b) Berechne das Produkt.

Multiplikation mit 10 und 100

1

Erzähle. Was fällt dir auf?

2 Rechne im Kopf.

a)	b)	c)	d)
5 · 10	10 · 17	1335 · 100	400 · 22
5 · 100	100 · 17	987 · 100	10 · 1867
8 · 10	10 · 39	222 · 200	123 · 300
8 · 100	100 · 53	101 · 300	4782 · 10

3 So rundest du richtig.

> Bei 1, 2, 3, 4 runde ich ab.
> Bei 5, 6, 7, 8, 9 runde ich auf.

a) Runde zum Zehner.

6248 ≈ 6250

6701, 4878, 19619, 2344, 54545

b) Runde zum Hunderter.

98531 ≈ 98500

5289, 627297, 85020, 1963, 3540

c) Runde zum Tausender.

123456 ≈ 123000

56738, 987654, 23178, 9999

4 So rechnest du den Überschlag.

> Den Überschlag rechnen heißt:
> mit gerundeten Zahlen rechnen.

	315 · 3
Ü:	315 ≈ 300
	300 · 3 = 900
R:	T H Z E
	315 · 3
	T H Z E
1 (durchgestrichen)	945
K:	315 · 3 = 945
	945 ≈ 900

5 Rechne zuerst den Überschlag. Berechne anschließend das Produkt.

a)	b)	c)	d)
415 · 3	617 · 5	657 · 8	1271 · 5
426 · 2	534 · 7	333 · 6	2067 · 3
142 · 4	276 · 4	591 · 4	1809 · 9
613 · 5	841 · 3	118 · 2	777 · 7

Halbschriftliche Multiplikation

1 Für die Fröbelschule werden neue Schulmöbel gekauft.

a) Sechs Wandtafeln kosten:

1	8	5	4	·	6	=	
1	0	0	0	·	6	=	
	8	0	0	·	6	=	
		5	0	·	6	=	
			4	·	6	=	

b) 20 Stühle kosten:

1	3	4	·	2	0	=	
1	0	0	·	2	0	=	
	3	0	·	2	0	=	
		4	·	2	0	=	

c) Es werden zehn Tische bestellt.

d) Dazu werden 20 Stühle benötigt.

e) Außerdem werden vier Schränke und acht Regale gekauft.

f) Wie viel Geld wird insgesamt für die Schulmöbel ausgegeben?

2 Rechne halbschriftlich.

a)	b)	c)	d)
2246 · 3	7318 · 4	12431 · 4	21184 · 8
3814 · 6	9435 · 2	38256 · 2	32529 · 3
4231 · 4	6874 · 7	26442 · 3	17245 · 4
5182 · 5	8216 · 3	19574 · 5	23237 · 9

3 Rechne zuerst den Überschlag. Berechne anschließend das Produkt.

a) 3118 | 28795 | 40521 | 18094 | 26598 | 17304 · 4

b) 7209 | 54380 | 68548 | 58642 | 47310 | 36721 · 6

c) 432 | 3429 | 6023 | 4217 | 21438 | 40238 · 3

4 Die Anne-Frank-Schule kauft für die Sport-AG sieben Einräder.
Jedes Rad kostet 162 €. Wie viel Geld muss die Schule für die Räder bezahlen?
Rechne zuerst den Überschlag und dann genau.

Schriftliche Multiplikation

1 Im ersten Monat werden drei komplette Büroausstattungen für jeweils 4214 € verkauft.
Wie viel Geld wird eingenommen?

Die Aufgabe heißt: 4214 **mal** 3

Zuerst multipliziere ich die **Einer**:
3 **mal** 4 **E gleich** 12 **E**
Ich schreibe 2 **E**
und übertrage 1 **Z**.

	ZT	T	H	Z	E		
		4	2	1	4	·	3
			ZT	T	H	Z	E
1							2

Dann multipliziere ich die **Zehner**:
3 **mal** 1 **Z gleich** 3 **Z**
3 **Z plus** 1 **Z gleich** 4 **Z**
Ich streiche 1 **Z** und schreibe 4 **Z**.

	ZT	T	H	Z	E		
		4	2	1	4	·	3
			ZT	T	H	Z	E
~~1~~						4	2

Dann multipliziere ich die **Hunderter**:
3 **mal** 2 **H gleich** 6 **H**
Ich schreibe 6 **H**.

	ZT	T	H	Z	E		
		4	2	1	4	·	3
			ZT	T	H	Z	E
~~1~~					6	4	2

Dann multipliziere ich die **Tausender**:
3 **mal** 4 **T gleich** 12 **T**
Ich schreibe 1 **ZT** und 2 **T**.

	ZT	T	H	Z	E		
		4	2	1	4	·	3
			ZT	T	H	Z	E
~~1~~			1	2	6	4	2

Das Ergebnis ist 12642.
Es werden 12642 €
eingenommen.

Rechne wie Paul. Kontrolliere mit dem Taschenrechner.

a)	b)	c)	d)
1218 · 4	4292 · 2	5122 · 4	62274 · 2
3123 · 3	3362 · 3	7111 · 9	38115 · 7
1324 · 3	2142 · 4	1721 · 3	4161 · 6
2459 · 2	1171 · 5	9121 · 7	114328 · 8

2 Ein Elektronikfachmarkt verkauft in einer Woche fünf Computer zu jeweils 1529 €.
Wie viel Geld nimmt er damit ein?

3 Für den Schulhof werden drei neue Basketballkörbe für je 1625 € gekauft.
Wie viel muss die Schule bezahlen?

4 Im Containerhafen wird ein Schiff in einer Stunde mit 465 Containern beladen.
Wie viele Container sind das in 8 Stunden?

Multiplikation mit zweistelligen Zahlen

1 In diesem Jahr hat der Großmarkt 26 komplette Büroausstattungen für je 3 214 € verkauft.

Wie viel Geld wurde insgesamt an den Großmarkt gezahlt?

3214	·	26	=
3000	·	20	=
200	·	20	=
10	·	20	=
4	·	20	=
3000	·	6	=
200	·	6	=
10	·	6	=
4	·	6	=

		ZT	T	H	Z	E		Z	E
			3	2	1	4	·	2	6
					ZT	T	H	Z	E
					6	4	2	8	0
~~1~~	~~2~~				1	9	2	8	4
					1		1		
					8	3	5	6	4

a) Rechne die Aufgabe 4 251 · 31 zuerst wie Greta und dann wie Juri.

b) Welcher Rechenweg gefällt dir besser? Begründe.

2 Suche dir aus, wie du das Produkt berechnest.

a)	b)	c)	d)
2 312 · 33	2 893 · 54	16 325 · 15	1 642 · 78
4 153 · 21	6 721 · 66	12 832 · 23	23 548 · 19
3 422 · 42	3 994 · 32	75 596 · 13	967 · 85
1 821 · 14	7 523 · 71	21 856 · 34	39 253 · 26

25 494 76 296 82 195 87 213 95 748 127 808 128 076 143 724 156 222 244 875
295 136 443 586 447 412 534 133 743 104 982 748 1 020 578

3 

Das Olympiastadion in Berlin hat 74 228 Plätze.

a) 42 356 Platzkarten werden zu je 9 € verkauft.

b) 31 872 Platzkarten werden zu je 14 € verkauft.

c) Wie viel Geld wird insgesamt eingenommen?

4 Berechne das Produkt schriftlich. Kontrolliere mit dem Taschenrechner.

a)	b)	c)	d)
5 182 · 26	6 274 · 53	23 222 · 34	12 431 · 42
3 814 · 62	8 216 · 74	37 534 · 41	19 574 · 51
2 426 · 31	7 318 · 46	17 645 · 56	26 432 · 34
4 231 · 45	9 485 · 38	21 184 · 28	38 356 · 23

5 Familie Müller kauft sich ein neues Auto. Sie zahlt 5 900 € an. Den Rest bezahlt sie in 24 Monatsraten zu je 473 €.

a) Wie hoch ist der Gesamtbetrag der Raten?

b) Wie viel kostet das Auto insgesamt?

6 Die Fensterbaufirma „Glasklar" beschäftigt vier Meister und 28 Mitarbeiter. Die Meister erhalten im Monat 2 885 € Lohn, die Mitarbeiter 1 876 €. Rechne zuerst den Überschlag und dann genau.

a) Wie viel Lohn bezahlt die Firma an die Meister und Mitarbeiter im Monat?

b) Wie hoch sind die Lohnkosten insgesamt in einem Monat?

c) Wie hoch sind die Lohnkosten in einem Jahr?

7 Rechne zuerst den Überschlag. Berechne anschließend das Produkt.

a)	3 429	43 238	21 438	35 827	54 384	28 437	·	12
b)	423	4 578	6 732	5 892	8 744	7 468	·	27
c)	4 217	68 458	55 987	47 315	35 629	27 466	·	45
d)	3 118	18 394	26 591	35 274	28 795	32 943	·	63
e)	6 123	7 688	71 234	91 324	58 642	24 167	·	31

Multiplikation mit dreistelligen Zahlen

1 Der durchschnittliche Trinkwasserverbrauch in Deutschland beträgt 127 Liter pro Einwohner und Tag.
Wie viele Liter verbraucht dann ein Einwohner in einem Jahr?

		H	Z	E		H	Z	E
		1	2	7	·	3	6	5
				ZT	T	H	Z	E
	~~2~~			3	8	1	0	0
~~1~~	~~4~~				7	6	2	0
~~1~~	~~3~~					6	3	5
				1	1			
				4	6	3	5	5

2 Berechne das Produkt schriftlich. Kontrolliere mit dem Taschenrechner.

a) 54 · 212
46 · 324
63 · 223
36 · 425

b) 431 · 182
715 · 246
543 · 316
812 · 631

c) 4345 · 221
3495 · 237
746 · 589
2564 · 348

d) ★ 39953 · 6
8116 · 37
34154 · 27
6495 · 228

3 Ein Wasserhahn, aus dem pro Sekunde ein Tropfen fällt, lässt pro Tag 17 Liter Wasser auslaufen.

a) Wie viel Wasser fließt in einem Monat ungenutzt in den Abfluss?

b) 1000 Liter Wasser kosten etwa 4 €. Welche unnötigen Kosten verursacht ein undichter Wasserhahn im Jahr?

c) Ein undichter Spülkasten lässt in einer Stunde über 20 Liter auslaufen. Wie viel kostet das in einem Jahr?

d) Findet weitere Fragen.

4 Du brauchst drei Würfel. Würfle zweimal mit allen Würfeln und bilde aus den Augenzahlen zwei dreistellige Zahlen. Multipliziere diese Zahlen miteinander. Dein Partner kontrolliert deine Rechnung. Wechselt euch ab.

5 Bilde Aufgaben und berechne das Produkt schriftlich.

a) 643 456 192   b) 123 456 789   c) 384 1286 96

6 Zweimal wurde falsch gerechnet. Welche Fehler wurden gemacht?

A

		H	Z	E		H	Z	E
		3	4	6	·	2	0	9
				ZT	T	H	Z	E
	~~1~~			6	9	2		
~~4~~	~~5~~		3	1	1	4		
				1				
			3	8	0	6		

B

		H	Z	E		H	Z	E
		3	4	6	·	2	0	9
				ZT	T	H	Z	E
	~~1~~			6	9	2	0	0
~~4~~	~~5~~			3	1	1	4	
			1	1				
			1	0	0	3	4	0

C

		H	Z	E		H	Z	E
		3	4	6	·	2	0	9
				ZT	T	H	Z	E
	~~1~~			6	9	2	0	0
					0	0	0	0
~~4~~	~~5~~				3	1	1	4
				1				
				7	2	3	1	4

7 Bilde viele Aufgaben. Kontrolliere mit dem Taschenrechner.

283	159	672	364	·	901	407	606	105
447	785	354	570		208	304	820	503

8

Ein erwachsener Mensch schläft durchschnittlich acht Stunden täglich.

Das Herz eines Menschen schlägt etwa 70 mal pro Minute.

Der Körper hat 656 Muskeln. Wenn du einen Schritt machst, bewegen sich 54 von ihnen.

Etwa alle sechs Sekunden blinzelt ein Mensch.

a) Wie oft schlägt dein Herz in einer Stunde?
Wie oft schlägt es an einem Tag und in einem Jahr?

b) Die durchschnittliche Lebenserwartung eines Menschen liegt bei etwa 75 Jahren. Wie viele Stunden hat er dann geschlafen?

c) Wie viele Muskeln bewegen sich bei 1 000 Schritten?

d) Wie oft blinzelt ein Mensch durchschnittlich an einem Tag?
Gehe von 16 Stunden aus, da man etwa 8 Stunden schläft.

e) Findet weitere Fragen und Aufgaben.

Sachaufgaben

Tipp: Bearbeite die Aufgaben in fünf Schritten:
1. Frage stellen 2. Überschlag 3. Rechnung 4. Kontrolle 5. Antwort

1 Familie Schreiber hat sich einen neuen Fernseher gekauft.
Schreibers bezahlen in 15 Monatsraten zu je 69 €.
Sie hätten auch in 18 Monatsraten zu je 59 € bezahlen können.
Hat sich Familie Schreiber richtig entschieden? Begründe.

2 Die Geschwindigkeit von Schiffen wird in Knoten angegeben. Bei einem Knoten legt ein Schiff 1 852 Meter in der Stunde zurück. Das ist eine Seemeile.
Ein Kreuzfahrtschiff fährt mit einer Geschwindigkeit von 25 Knoten pro Stunde.
Wie viele Kilometer sind das in einer Stunde?

3 Die Wohnungsbaugesellschaft „Wohn gut" verwaltet zwölf Hochhäuser mit jeweils neun Etagen. In jeder Etage gibt es acht Wohnungen.
Wie viele Wohnungen werden verwaltet?

4 Beim Bremsen aus einer Geschwindigkeit von 30 Kilometer pro Stunde kommt ein Personenzug nach 85 Metern zum Stehen. Bei vierfacher Geschwindigkeit ist der Bremsweg 16-mal so lang.

5 Der Mond umkreist die Erde und legt dabei pro Stunde 3 680 Kilometer zurück.

a) Wie viele Kilometer sind das an einem Tag?

b) Wie viele Kilometer sind das in einer Woche und in einem Monat?

6 Die Bahnstrecke von Frankfurt/Main nach Köln ist 220 Kilometer lang. Beim Bau wurden 1 560 Gleisschwellen pro Kilometer verlegt.
Eine Gleisschwelle wiegt 260 Kilogramm.
Bildet Fragen und rechnet die Aufgaben schriftlich.

Rechnen mit Geld

1 

Für die Einkleidung einer Fußballmannschaft (elf Spieler und drei Ersatzspieler) wird durch die Firma „Hochbau" ein Trikotsatz gesponsert. Ein Trikot kostet 25,80 Euro.

Ü:	30 € · 10 = 300 €		
		25,80 · 14	3,6120 €
		25800	
	2̸ 3̸	10320	361,20 €
		1	
		36120	3612,0 €

2 Rechne zuerst den Überschlag. Wo steht das Komma im Ergebnis?

a)	b)	c)	d)
7,23 € · 6	18,54 € · 3	32,56 € · 18	55,55 € · 44
2,88 € · 9	43,71 € · 8	81,20 € · 53	92,99 € · 28
5,34 € · 5	72,13 € · 2	49,32 € · 31	68,42 € · 57

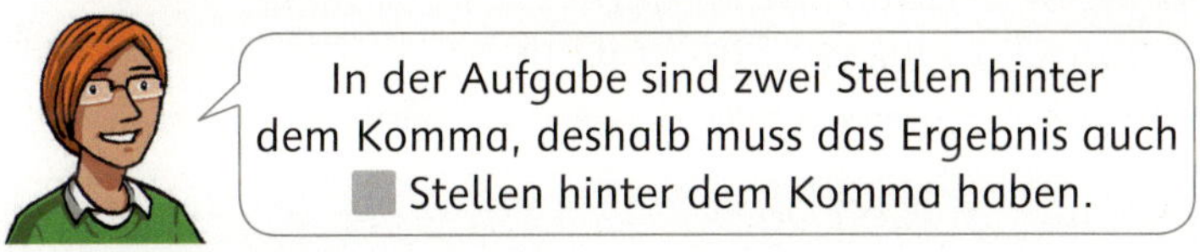

3 Rechne schriftlich. Setze das Komma richtig.

a)	b)	c)	d)
46,70 € · 13	43,71 € · 15	13,35 € · 16	325,56 € · 67
467,00 € · 13	43,71 € · 25	37,49 € · 37	657,89 € · 83
4670,00 € · 13	43,71 € · 54	68,53 € · 49	796,07 € · 12

4 Ina wünscht sich zum Geburtstag ein Handy.
Sie hat sich für ein Handy entschieden, das in zwei Varianten angeboten wird.
Ina schätzt, dass sie im Jahr 500 Einheiten telefonieren wird.

Variante 1:
- ohne Vertrag
- Kaufpreis 119 €
- Jede Einheit kostet 20 ct.

Variante 2:
- Vertrag für zwei Jahre
- Kaufpreis 1 €
- einmaliger Anschlusspreis: 25 €
- monatliche Grundgebühr: 5 €
- Jede Einheit kostet 10 ct.

Welche Variante würdet ihr Ina empfehlen? Begründet.

Rechenregeln

1 Greta kauft sich eine Stiftebox zu 6 € und drei Bücher zu je 9 €.
Wie viel muss sie bezahlen?

a) Fertige eine Skizze an. Wer hat richtig gerechnet?

b) Vergleiche deine Entscheidung mit der eines Partners.

c) Stellt eure Skizzen und eure Entscheidung in der Klasse vor.

Addition + und Subtraktion –
sind Strichrechnungen.

Multiplikation · und Division :
sind Punktrechnungen.

Punktrechnung kommt vor Strichrechnung.

2 Achte auf die Rechenregel.

a)

16 + 5 · 8	20 – 4 · 3	9 + 15 : 3	15 – 30 : 10
= 16 + 40	= 20 –	= 9 +	= 15 –
=	=	=	=

b)
3 + 4 · 5
5 + 4 · 3
5 · 4 – 3
3 · 4 – 5

c)
6 · 8 – 3
7 · 9 – 9
15 + 5 · 3
24 – 4 · 5

d)
28 – 8 : 2
45 – 15 : 3
16 : 4 + 2
48 : 12 – 4

e)
4 · 9 + 3 · 8
6 · 9 – 4 · 9
35 : 5 + 15 : 3
63 : 7 – 35 : 5

3 Welche Aussage ist richtig? Begründe.

a) Multipliziere die Summe der Zahlen 5 und 4 mit 9.

b) Addiere zum Produkt aus 5 und 4 die Zahl 9.

5 · 4 + 9

4 Juri kauft sich fünf Unterhemden zu je 4,50 € und einen Pullover.
Insgesamt muss er 50,50 € zahlen. Was kostet der Pullover?

5 Mira kauft jeden Morgen acht Körnerbrötchen und drei Vollkornbrötchen. Wie viele Brötchen kauft sie insgesamt an sechs Tagen?

a) Fertige eine Skizze an. Welche Rechnung passt?

b) Vergleiche deine Entscheidung mit der eines Partners.

c) Stellt eure Skizzen und eure Entscheidung in der Klasse vor.

> 1. Zuerst die Klammern ausrechnen
> 2. Punktrechnung vor Strichrechnung

6 Berechne zuerst die Klammer.

a)

$5 \cdot (12 + 4)$
$= 5 \cdot 16$
$=$

$3 \cdot (15 - 5)$
$= 3 \cdot$
$=$

$(27 + 9) : 4$
$= \quad : 4$
$=$

$(96 - 12) : 7$
$= \quad : 7$
$=$

b) $5 \cdot (4 + 16)$
$(17 - 3) \cdot 5$
$9 \cdot (14 - 7)$
$(6 + 7) \cdot 5$

c) $35 : (4 + 1)$
$(8 + 7) : 5$
$(29 - 2) : 9$
$28 : (15 - 8)$

d) $6 \cdot (23 - 7)$
$(17 - 2) : 3$
$(36 + 4) - 8$
$36 : (13 - 9)$

e) $(28 - 7 \cdot 3) \cdot 11$
$100 : (5 \cdot 8 - 15)$
$36 + (20 - 36 : 9)$
$(32 \cdot 5 + 39) - 58$

7 Welche Aussage ist richtig? Begründe.

a) Dividiere die Differenz der Zahlen 90 und 40 durch 5.

b) Subtrahiere vom Produkt von 40 und 5 die Zahl 90.

$(90 - 40) : 5$

8 Suche jeweils drei Karten, die zusammengehören.

$6 \cdot (2 + 3 \cdot 4)$ | $5 \cdot (7 + 8)$ | $(4 + 10) \cdot 6$ | 75 | 84

$5 \cdot 7 + 5 \cdot 8$ | $4 \cdot 20 + 4 \cdot 5$ | $4 \cdot (20 + 5)$ | 100

Zusammenhänge erkennen

1 Erzähle.

2

Anzahl Pakete	Preis
0	0 €
1	4 €
2	8 €
3	12 €

a) Übertrage die Tabelle in dein Heft.

b) Vervollständige die Tabelle bis 15 Pakete.

c) Hier ist eine Zeile der Tabelle dargestellt:

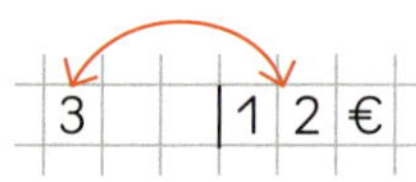

Welche Information erhältst du, wenn du eine Zeile von links nach rechts betrachtest? Erkläre.

d) Hier sind zwei Zeilen der Tabelle dargestellt:

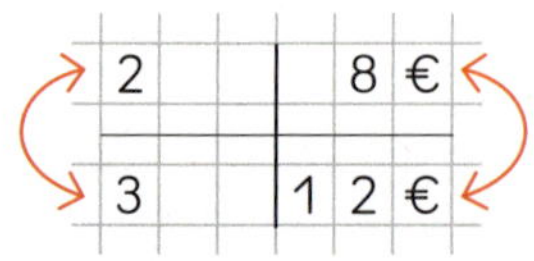

Welche Information erhältst du, wenn du zwei Zeilen miteinander vergleichst?

Wenn die Anzahl um eins größer wird, dann wird der Preis …

Wenn die Anzahl um eins kleiner wird, dann wird der Preis …

e) Beschreibe den Zusammenhang allgemein.

Für wenige Pakete muss man … zahlen. Für viele Pakete muss man … zahlen.

Je mehr Pakete man kauft, desto … Je weniger Pakete man kauft, desto …

f) Was meint Juri? Erkläre deinem Partner.

g) Wie viele Pakete erhält Kenan für 72 €?
Überlegt, wie ihr das in der Tabelle sehen könnt.
Ergänze anschließend deine Tabelle. Wie viele Pakete sind es?

3 Die Firma „Göcke Garten- und Landschaftsbau" benötigt eine große Menge Sand zur Gestaltung einer Parkanlage. Der Sand wird bei einem Kies- und Sandwerk abgeholt. Dort wird er abgepumpt und in einen Container verladen. Pro Minute können zwei Tonnen Sand in den Container gepumpt werden.

a) Fertige eine Tabelle an.

b) Vervollständige die Tabelle bis 10 Minuten.

Zeit (in min)	Menge Sand (in t)
0	0
1	…

Besprich mit deinem Partner und schreibe dann in dein Heft:

c) Welche Information erhaltet ihr, wenn ihr eine Zeile von links nach rechts betrachtet?

d) Welche Information erhaltet ihr, wenn ihr zwei Zeilen miteinander vergleicht?

e) Beschreibt den Zusammenhang allgemein.

4

Findet zusammen für jede Zeile der Tabelle den passenden Punkt im Koordinatensystem. Besprecht, wie man die Zeilen am besten im Koordinatensystem finden kann. Beschreibt: Wo müsst ihr dabei hinschauen?

Zusammenhänge untersuchen

1 Ole lässt Wasser in sein Aquarium ein.
Er schaut sich an, wie hoch das Wasser schon steht.
Er misst nach: Am Anfang sind es 0 cm,
nach 1 Minute sind es 2 cm, nach 2 Minuten 4 cm,
nach 3 Minuten 6 cm, nach 4 Minuten 8 cm
und nach 5 Minuten 10 cm.

a) Erstellt eine Tabelle. Überlegt zuerst: Was kommt in die erste Spalte, was in die zweite?

b) Zeichne in ein Koordinatensystem die Punkte ein. Zeichne dann für jede Zeile einen Punkt. Wie viele Punkte müssen es insgesamt sein?

c) Schaut euch den Zusammenhang in der Tabelle und im Koordinatensystem genauer an:
- Steigt der Wasserstand im Aquarium gleichmäßig an? Wie könnt ihr das in der Tabelle und im Koordinatensystem erkennen? Überlegt gemeinsam.
- Ole sagt: „Je mehr Minuten es sind, desto … “ Vervollständigt den Satz und schreibt ihn ins Heft.
- Betrachtet die Tabelle. Wie verändert sich der Wasserstand, wenn in der linken Spalte eine Minute dazukommt? Schreibt einen Satz in euer Heft.

d) Welchen Wasserstand hat das Aquarium nach 10 Minuten? Beschreibt beide Lösungswege. Entscheidet euch, wie ihr vorgeht, und löst die Aufgabe im Heft.

2 Wie verändern sich die Wasserstände? Vergleicht:
Welchen Wasserstand hat das Aquarium nach …

a) 1 Minute und nach 2 Minuten?

b) 3 Minuten und nach 6 Minuten?

c) 10 Minuten und nach 5 Minuten?

★ d) 1 Minute und nach 0,5 Minuten?

e) Welchen Zusammenhang könnt ihr entdecken? Besprecht und begründet.

3 Sucht ein Gefäß, mit dem ihr Wasserstände messen könnt. Überlegt, wie das Gefäß aussehen muss, damit der Wasserstand für jede Minute gleich viel steigt. Lasst gleichmäßig Wasser in das Gefäß laufen.

a) Messt nach: Wie viele cm sind es am Anfang und nach 1 Minute? Tragt in eine Tabelle ein.

b) Könnt ihr voraussagen, wie viele cm es nach 2, 3, 4, 5 Minuten sind?
Erklärt, wie man dies voraussagen kann, und begründet euer Vorgehen.

c) Messt nach: Wie viele cm sind es nach 2, 3, 4, 5 Minuten?
Tragt in die Tabelle ein. Stimmen eure Voraussagen?

Zeit (in min)	Wasserstand (in cm)
0	...
1	...
2	...
...	...

d) Übertragt die Werte in ein Koordinatensystem.

4 Ole sagt: „Wenn man wissen möchte, wie der Wasserstand nach vielen Minuten ist, dann kann man das im Koordinatensystem ablesen. Man kann eine Gerade durch die Punkte zeichnen. Die geht immer weiter und so kann man den Wasserstand einfach bei den Minutenzahlen ablesen.“

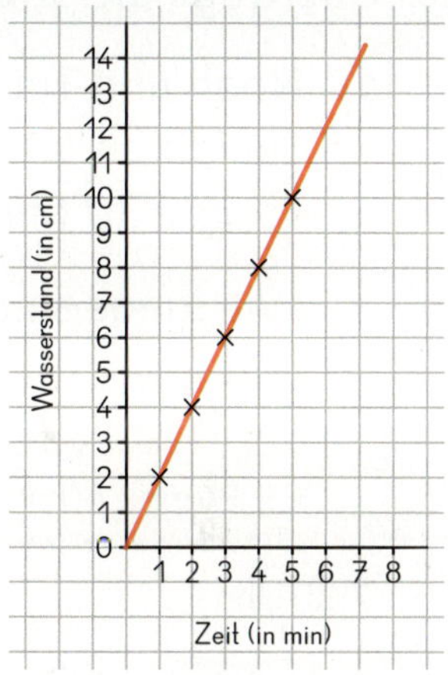

a) Warum kann man das machen? Überlegt gemeinsam.

b) Schreibt einen eigenen Merksatz in euer Heft:
Man kann dann eine Gerade durch die Punkte zeichnen, wenn man weiß, dass ...

c) Zeichne zu Aufgabe 2 von Seite 102 ein Koordinatensystem. Kann man in dieses Koordinatensystem auch eine Gerade einzeichnen? Diskutiert.

5 Kenan sagt: „Ich habe für mein Handy eine Prepaid-Karte. Ich schreibe keine SMS, sondern telefoniere nur. Bei mir wird sekundengenau abgerechnet. Für jede Minute zahle ich 9 ct.“

a) Ergänze: Je mehr Minuten man telefoniert, desto ...

b) Übertrage die Tabelle ins Heft.
Vervollständige bis 20 Minuten.

c) Erstelle ein Koordinatensystem. Trage die Punkte ein.
Kannst du auch die Gerade einzeichnen?

Zeit (in min)	Preis (in ct)
0	0
1	9
2	...

Aufgaben verstehen: Streifendiagramme helfen weiter

1 Die Schüler der Klasse 7a unternehmen eine Klassenfahrt. Um 8:20 Uhr fährt der Zug los. Die Bahnfahrt dauert 2 Stunden. Nach 20 Minuten Pause fahren die Schüler mit dem Fahrrad bis zur Herberge. Für die Strecke brauchen sie 30 Minuten.

Wie lange sind sie insgesamt unterwegs?
Wann kommen sie an?

> In einen Streifen trage ich die Fahrzeiten und die Pause ein. Dann kann ich die gesamte Fahrzeit berechnen. Ich kann auch die Zwischenstopps und die Ankunftszeit ermitteln.

Fahrzeit insgesamt ■		
2 Stunden Bahnfahrt	20 Minuten Pause	30 Minuten Fahrrad

8:20 Uhr | 10:20 Uhr | 10:40 Uhr | ■ Uhr

2 Übertrage die Streifendiagramme ins Heft und ergänze.

a) Noah und Tim starten um 7:30 Uhr zu einer Fahrradtour. Sie fahren 40 Minuten. Die zweite Etappe dauert 50 Minuten, die dritte Etappe 30 Minuten. Dazwischen machen sie jeweils 10 Minuten Pause.

Wie lange sind sie insgesamt unterwegs? Wann kommen sie an?

Fahrzeit insgesamt ■				
1. Etappe 40 min	Pause ■ min	2. Etappe ■ min	Pause ■ min	3. Etappe ■ min

7:30 Uhr | ■ Uhr | ■ Uhr | ■ Uhr | ■ Uhr | ■ Uhr

b) Von einem Bahnhof fahren zwei Züge zum gleichen Zeitpunkt los. Der Zug nach Westen fährt in der Stunde 150 km. Der Zug nach Osten fährt pro Stunde 80 km.

Wie weit sind die beiden Züge nach einer Stunde voneinander entfernt?

150 km nach Westen	■ km nach Osten
Entfernung nach 1 Stunde ■ Kilometer	

c) Familie Meier fährt mit dem Auto in den Urlaub. Bis zum Ferienort muss sie 1 400 km fahren. Am ersten Tag fährt sie 600 km, am zweiten Tag schafft sie wegen einer Panne nur 200 km.

Wie viele Kilometer muss sie am nächsten Tag noch fahren?

Fahrstrecke insgesamt 1 400 km		
1. Tag 600 km	2. Tag ■ km	3. Tag ■ km

Aufgaben verstehen: Gleichungen helfen weiter

1 Erzähle.

2 Welche Gleichung passt zu der Aufgabe?
Schreibe jeweils die Gleichung und die passende Aufgabe in dein Heft.

a) Pauls Kusine ist 2 Jahre jünger als Paul. Sie ist 11 Jahre alt.
b) Miras Bruder ist 7 Jahre älter als Mira. Er ist 19 Jahre alt.
c) Oles Nichte ist 7 Jahre jünger als Ole. Sie ist 5 Jahre alt.
d) Lisas Onkel ist 9 Jahre älter als Lisa. Er ist 23 Jahre alt.

- ■ + 9 = 23
- ■ − 2 = 11
- ■ + 7 = 19
- ■ − 7 = 5

3 Welche Gleichung passt zu der Aufgabe?
Schreibe jeweils die Gleichung und die passende Aufgabe in dein Heft.

a) Lenas Vater ist 3-mal so alt wie Lena. Er ist 39 Jahre alt.
b) Annas Onkel ist 4-mal so alt wie Tim. Er ist 48 Jahre alt.
c) Juris Tante ist doppelt so alt wie Juri. Sie ist 26 Jahre alt.
d) Kenans Nichte ist halb so alt wie Kenan. Sie ist 7 Jahre alt.

- ■ · 2 = 26
- ■ : 2 = 7
- ■ · 3 = 39
- ■ · 4 = 48

4 ★ Schreibe die Gleichung auf. Überlege, welche Zahl eingesetzt werden muss, damit die Gleichung stimmt.

a) Noahs Schwester ist 5 Jahre jünger als Noah. Sie ist 9 Jahre alt.
b) Peters Schwester ist 3 Jahre älter als Peter. Sie ist 20 Jahre alt.
c) Danas Oma ist 5-mal so alt wie Dana. Sie ist 60 Jahre alt.
d) Katrins Kusine ist halb so alt wie Katrin. Sie ist 12 Jahre alt.
e) Gretas Opa ist 52 Jahre älter als Greta. Er ist 65 Jahre alt.

Meter, Zentimeter und Millimeter

1 Erzähle.

1 m = 100 cm

2 a) Schreibe in cm: 8 m 3 m 10 m 20 m 25 m 47 m 95 m

b) Schreibe in m: 900 cm 500 cm 300 cm 1 200 cm 3 500 cm 8 600 cm

3

10 m | 30 m  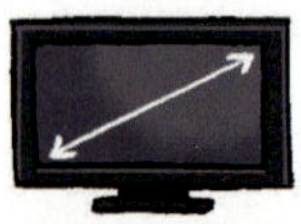 12 cm | 102 cm  140 cm | 90 cm 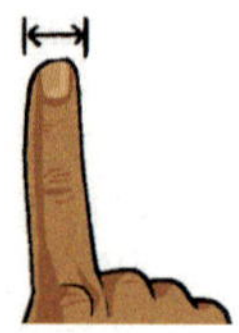 5 cm | 17 mm

4 Schreibe die Längen in eine Stellenwerttafel und rechne um …

a) in m,
385 cm
9 m 52 cm
27 m 43 cm

b) in cm.
3,47 m
16,18 m
5 m 94 cm

m	cm	
3	8 5	3 8 5 cm = 3,8 5 m

5 Schreibe in eine Stellenwerttafel und rechne in m um.

a)
2 m 7 cm
2 m 70 cm
19 m 30 cm
19 m 3 cm

b)
46 m 8 cm
46 m 80 cm
5 m 6 cm
5 m 60 cm

m	cm	
2	0 7	2 m 7 cm = 2,0 7 m

6 Schreibe in eine Stellenwerttafel. Schreibe in m und runde dann auf volle m.

a)
586 cm
342 cm
1 593 cm

b)
1 734 cm
991 cm
849 cm

c)
491 cm
5 714 cm
283 cm

m	cm	
5	8 6	5,8 6 m ≈ 6 m

7 Schreibe zuerst in cm und dann in mm.

★ 1 m 6 m 7 m 12 m 28 m 59 m

1 m = 100 cm = 1000 mm

8 Ordne. Beginne mit der kürzesten Strecke.

a) 805 cm 80,5 m 805 mm b) 1570 mm 15,7 cm 15,7 m

9 Rechne zuerst den Überschlag. Rechne dann genau.
Kontrolliere mit dem Taschenrechner.

a)			b)		
57,41 m	+	3,97 m	2418 mm	−	654 mm
296 cm	+	4458 cm	37,15 m	+	9,87 m
81,34 m	−	5,78 m	539 cm	+	1564 cm
1912 mm	−	947 mm	8,26 m	−	3,39 m
435 cm	+	699 cm	71,42 m	−	7,65 m

Ü: 60 m + 4 m = 64 m

	m	cm
	57	41
+	3	97

10 Im Dreisprung liegt der Weltrekord der Männer bei 18,29 m.
Der Weltrekord der Frauen liegt bei 15,50 m. Wie groß ist der Unterschied?

11 Beim ersten Weltrekord im Dreisprung im Jahr 1911 wurden auch die drei Teilsprünge gemessen.
Wie weit ist Daniel Ahearn insgesamt gesprungen?

12 Die Klasse 7b übt zum ersten Mal Dreisprung. Paul schafft 8,61 m.
Juri springt 13 Zentimeter weiter. Wann ist Juri gesprungen?

13 Fermi-Aufgabe: Karten für das Endspiel

Greta und Ina wollen Karten für das Endspiel im Fußball kaufen. Als sie an der Kasse ankommen, steht schon eine 50 Meter lange Schlange vor ihnen. Wie viele Menschen stehen etwa in der Schlange?

a) Probiert aus, wie viele Menschen in einer 5 Meter langen Schlange stehen könnten.

b) Überlegt dann, wie viele Menschen in der 50 Meter langen Schlange stehen könnten.

Dezimeter, Elle und Fuß

1 Erzähle.

1 Dezimeter = 10 Zentimeter
1 dm = 10 cm

2 Zeichne die Strecken.

1 dm 2 dm 3 dm 1 dm 5 cm 2 dm 7 cm 1 dm 9 cm 2 dm 1 cm

3 a) Schreibe in cm: 4 dm 8 dm 2 dm 7 cm 5 dm 1 cm 7 dm 9 cm

b) Schreibe in dm: 20 cm 50 cm 90 cm 130 cm 280 cm 470 cm

4 a) Schreibe in dm: 5 m 9 m 3 m 24 m 38 m 100 m

b) Schreibe in m: 70 dm 40 dm 80 dm 120 dm 450 dm 600 dm

5 Erzähle.

1 m = 10 dm 1 dm = 10 cm 1 cm = 10 mm

1 m = 10 · 10 cm 1 m = 10 · 10 · 10 mm

1 Meter = 10 Dezimeter
1 m = 10 dm

6 Körpermaße

a) Messt aus, wie lang bei euch eine Elle und ein Fuß sind.

b) Erstellt für die Klasse eine Tabelle mit den Messwerten.

c) Schreibe die richtigen Aussagen in dein Heft.

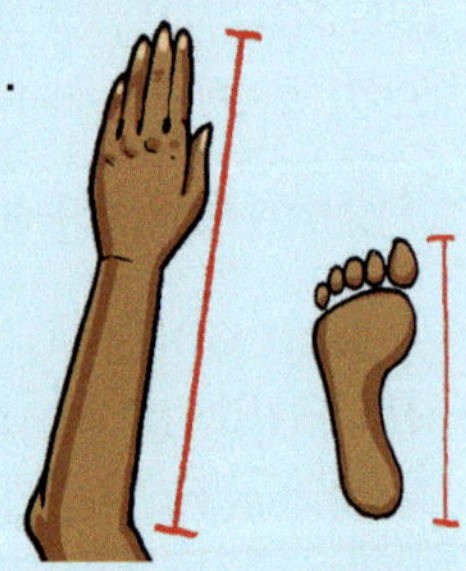

Eine Elle ist etwa 60 cm lang. Ein Fuß ist etwa 10 cm lang.

Eine Elle ist etwa dreimal so lang wie ein Fuß.

Eine Elle ist etwa 90 cm lang. Ein Fuß ist etwa 30 cm lang.

Eine Elle ist etwa doppelt so lang wie ein Fuß.

d) Recherchiere: Wofür wurden und werden diese Körpermaße früher und heute genutzt? Warum werden heute eher andere Maße benutzt?

Tischfußball

1 Erzähle.

Außenmaße	Länge	146 cm
	Gesamtbreite (ohne Stangen)	75 cm
Spielfeld	Länge	120 cm
	Breite	69 cm
Stangen	Länge	120 cm
Figur 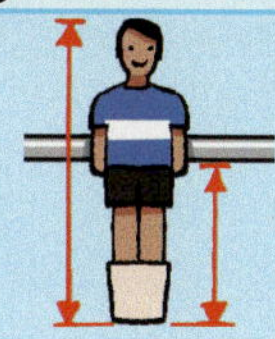	Gesamtlänge	11,3 cm
	Länge Stange bis Fuß	7,2 cm
Tor	Breite	20,5 cm
	Höhe	6,5 cm

2 a) Wie breit ist der Holzrahmen an den langen Seiten?

b) Wie breit sind die Ablageflächen an den kurzen Seiten?

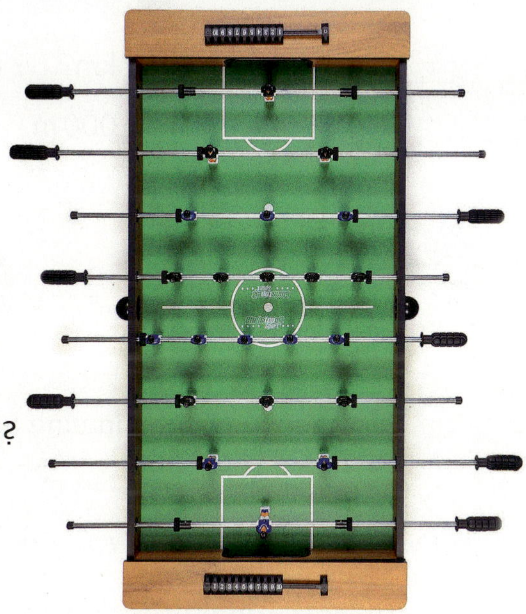

3 a) Wie weit ragt eine Stange insgesamt aus dem Tisch heraus?

b) Wie weit ragt die Stange mit dem Torwart an jeder Seite aus dem Tisch heraus, wenn der Torwart genau in der Mitte steht?

4 Ein Satz Tischfußballstangen besteht aus acht Stangen Stahlrohr. Wie viele Meter Stahlrohr werden für einen Satz benötigt?

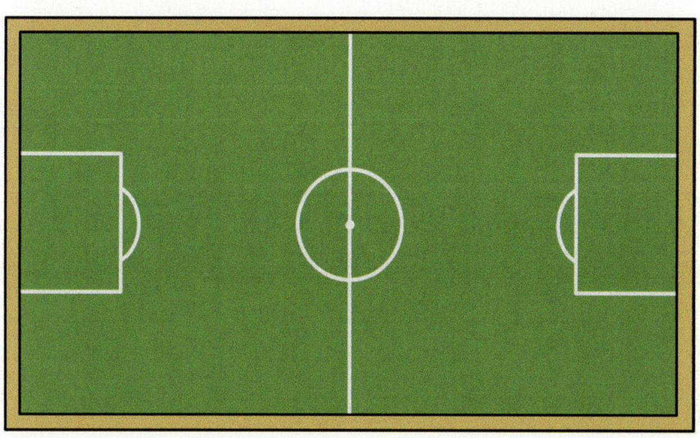

5 Übertrage das Spielfeld in dein Heft. Ein Zentimeter im Buch soll im Heft 2 Zentimeter lang sein.

Kilometer und Meter

1 Erzähle.

1 km = 1000 m

2 a) Schreibe in m: 2 km 7 km 4 km 16 km 48 km 56 km 173 km

b) Schreibe in km: 5 000 m 8 000 m 23 000 m 961 000 m 234 000 m

3

4,219 km

42,195 km

40 000 km

40 km

2 962 m

2 962 km

4 Schreibe die Längen in eine Stellenwerttafel und rechne um …

a) in km, b) in m.

a)	b)
7 416 m	4,259 km
2 km 583 m	18,623 km
15 km 992 m	3 km 117 m

km	m			
7	4	1	6	7 4 1 6 m = 7,4 1 6 km

5 a) Schreibe in km und m: 5,329 km 8,104 km 27,461 km 32,940 km

b) Schreibe in km: 2 km 184 m 6 km 359 m 42 km 527 m 91 km 866 m

6 Schreibe in eine Stellenwerttafel und ergänze die Nullen. Rechne in km um.

km		m			
	2	0	5	7	2 km 5 7 m = 2,0 5 7 km
1	9		4	3	1 9 km 4 3 m = 1 9,0 4 3 km

a)	b)
2 km 57 m	6 km 8 m
19 km 43 m	1 km 5 m
81 km 32 m	74 km 9 m
6 km 95 m	28 km 3 m

7 Schreibe in eine Stellenwerttafel. Schreibe in km und runde dann auf volle km.

a) 2791 m, 34917 m, 92812 m
b) 46173 m, 8540 m, 17052 m
c) 30500 m, 37050 m, 76490 m

km	m			
2	7	9	1	2,791 km ≈ 3 km

8 Rechne zuerst den Überschlag. Rechne dann genau.
Kontrolliere mit dem Taschenrechner.

a) 45,297 km + 3,164 km
17 849 m + 46 561 m
61,532 km − 8,407 km
2,994 km + 18,326 km
36461 cm − 2594 cm

b) 83451 m − 9657 m
3,520 km + 17,649 km
54916 cm + 22864 cm
72,532 km − 29,369 km
16,355 km + 17,498 km

Ü: 50 km + 3 km = 53 km

	km		m		
	4	5	2	9	7
+		3	1	6	4

9 Bei einer Paddeltour am Wochenende fährt Familie Kowalski am Freitag 6,500 km, am Samstag 12,350 km und am Sonntag 9,275 km. Wie weit ist sie insgesamt gepaddelt?

10 Im vergangenen Jahr war Familie Kowalski für eine Woche mit dem Boot unterwegs. Sie hat eine Strecke von 57,000 km zurückgelegt. In diesem Jahr will sie in zwei Wochen 94,250 km paddeln. Um wie viele Kilometer ist die Strecke in diesem Jahr länger?

11 Die Klasse 7b paddelt eine Runde auf dem See. Die erste Gruppe legt eine Strecke von 6,450 km zurück. Die zweite Gruppe paddelt insgesamt 5,970 km. Wie groß ist der Unterschied zwischen den beiden Strecken?

12 Fermi-Aufgabe: Toilettenpapier

Wie viele Kilometer Toilettenpapier verbraucht eure Klasse pro Jahr?

Wiederholung

1 Flächen haben eine Form und eine Größe.

a) Welches Fenster hat die größte Fläche?

b) Sortiert die Flächen nach Form und Größe:

Kreise: Fenster 2 > …

2 Die Größe einer Fläche ist ihr Flächeninhalt.

a) Sucht in eurer Klasse Flächen mit unterschiedlichem Flächeninhalt. Wer findet die Fläche mit dem kleinsten, wer die mit dem größten Flächeninhalt?

b) Vervollständigt die Merksätze und schreibt sie ins Heft.

Wenn eine Fläche klein ist, dann ist ihr Flächeninhalt …

Wenn eine Fläche groß ist, dann ist ihr Flächeninhalt …

3 Flächen haben einen Flächeninhalt und einen Umfang.

a) Ordnet zu. Was ist jeweils der Umfang, was der Flächeninhalt? Schreibt die Ergebnisse in eine Tabelle.

Teppich – Fußleisten

Zaun – Weide

Fenster – Fensterrahmen

Umfang	Flächeninhalt
…	…

b) Findet weitere Beispiele und schreibt sie in die Tabelle.

c) Zeichnet Figuren. Färbt den Flächeninhalt. Legt den Umfang mit Bindfaden, Streichhölzern, Zahnstochern oder Holzspießen nach.

4 Flächeninhalt und Umfang untersuchen

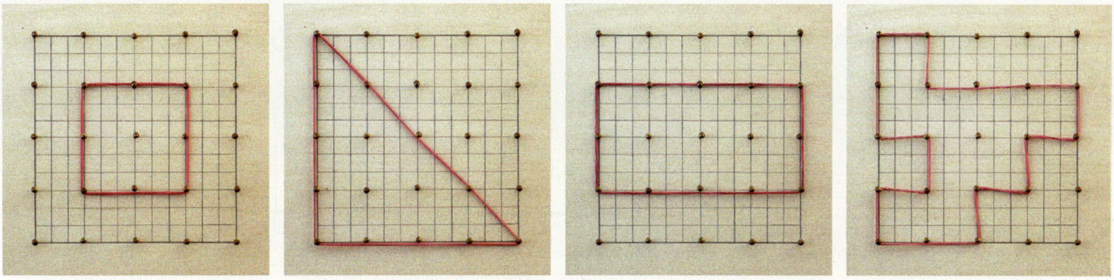

a) Bestimme den Flächeninhalt der Figuren. Zähle die Kästchen.

b) Übertrage die Figuren in dein Heft.

c) Zeichne den Umfang rot und den Flächeninhalt blau.

d) Miss den Umfang.

e) Spanne weitere Figuren und verfahre wie bei a) bis d).

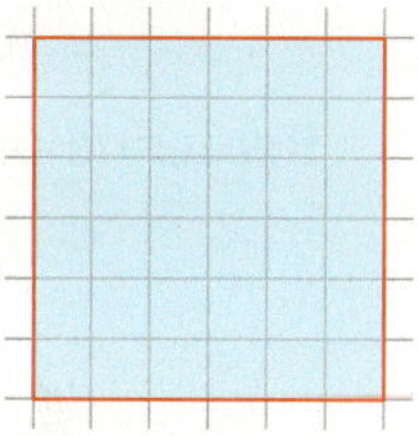

5 Flächeninhalte vergleichen

A

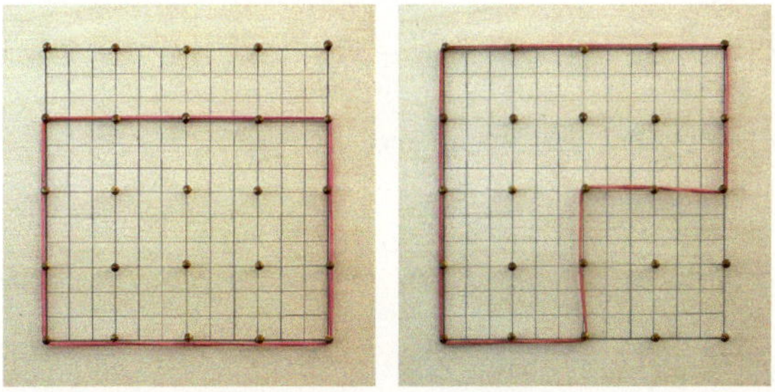

B

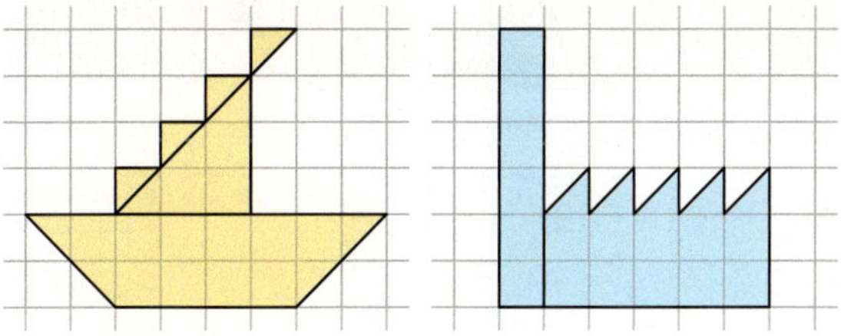

a) Spannt oder zeichnet die Figuren von A und B.

b) Vergleicht die Flächeninhalte. Beschreibt euer Vorgehen.

c) Findet weitere Figuren-Paare. Schätzt zuerst, ob sie gleich groß sind oder nicht. Kontrolliert anschließend.

d) Stellt eure Lösungswege vor.

6 Umfänge vergleichen

a) Zeichnet verschiedene Figuren mit einem Flächeninhalt von 24 Kästchen. Bestimmt den Umfang. Was fällt euch auf?

b) Zeichnet eine Figur aus 24 Kästchen mit einem möglichst großen Umfang.

c) Zeichnet eine Figur aus 24 Kästchen mit einem möglichst kleinen Umfang.

Bauanleitung Geobrett in den Kopiervorlagen

Umfänge berechnen und Figuren konstruieren

1 Umfang des Rechtecks

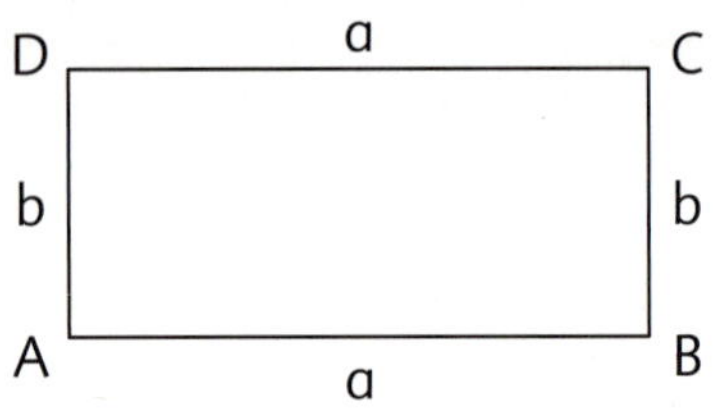

$u_{▭} = a + b + a + b$
$u_{▭} = 2 \cdot a + 2 \cdot b$

Berechne die Umfänge.

a)	$u_{▭}$	=	a	+	b	+	a	+	b
	$u_{▭}$	=	4 cm	+	3 cm	+	4 cm	+	3 cm
	$u_{▭}$	=	cm						

a) a = 4 cm, b = 3 cm

b) a = 6,5 cm, b = 4 cm

c) a = 3,7 cm, b = 5,5 cm

d) a = 9,4 cm, b = 6,6 cm

2 Umfang des Quadrats

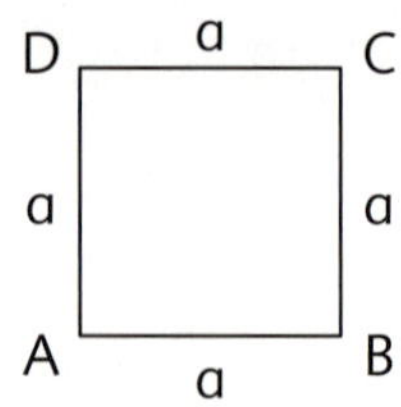

$u_{□} = a + a + a + a$
$u_{□} = 4 \cdot a$

Berechne die Umfänge.

a)	$u_{□}$	=	a	+	a	+	a	+	a
	$u_{□}$	=	7 cm	+	7 cm	+	7 cm	+	7 cm
	$u_{□}$	=	cm						

a) a = 7 cm

b) a = 6,5 cm

c) a = 12 cm 5 mm

d) a = 8 cm 9 mm

3 Rechtecke und Quadrate mit dem Geodreieck konstruieren

1

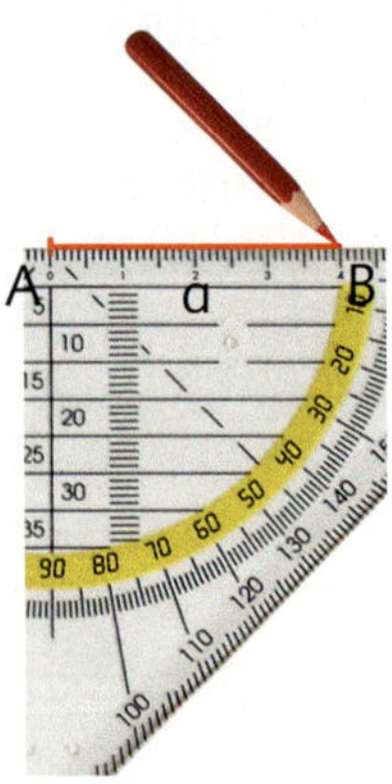

2

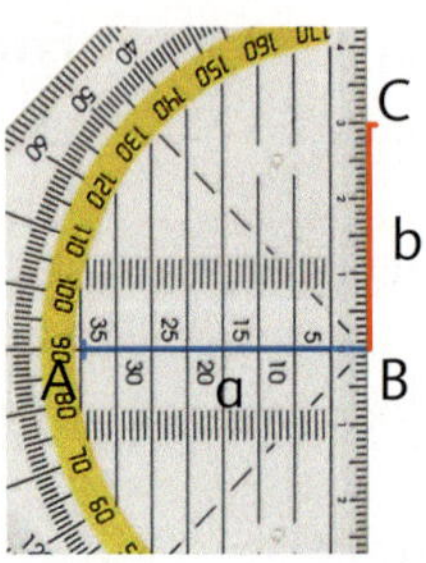

3

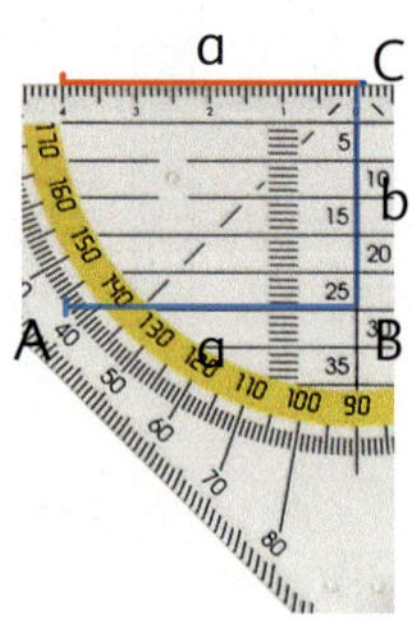

4

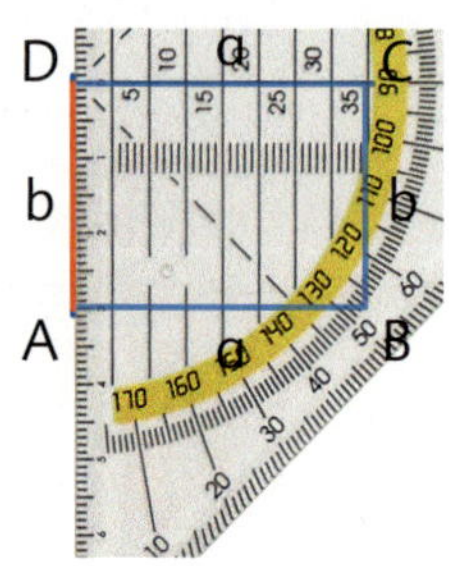

Tipp: Achte beim Konstruieren auf die rechten Winkel.

4 Konstruiere die Rechtecke aus Aufgabe 1.

5 Konstruiere die Quadrate aus Aufgabe 2.

Schritt-für-Schritt-Anleitung zum Quadrate konstruieren in den Kopiervorlagen

6 Umfang des Dreiecks

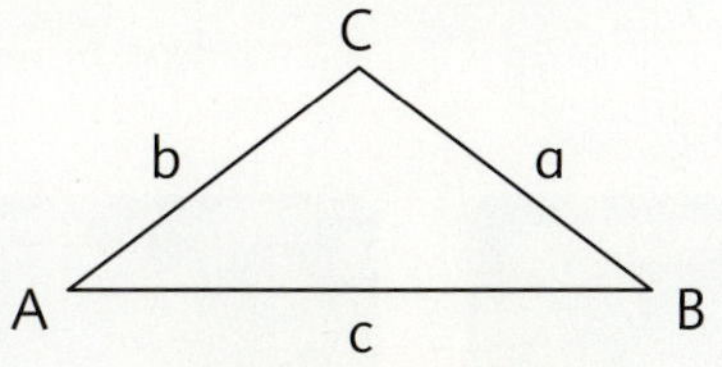

$u_\triangle = a + b + c$

Berechne die Umfänge.

a) $u_\triangle$ = a + b + c

$u_\triangle$ = 6 cm + 7 cm + 9 cm

$u_\triangle$ = cm

a) a = 6 cm, b = 7 cm, c = 9 cm

b) a = 9,5 cm, b = 13 cm, c = 16,5 cm

c) a = 8,8 cm, b = 10 cm, c = 7,6 cm

d) a = 7 cm, b = 7 cm, c = 7 cm

7 Konstruiere die Dreiecke aus Aufgabe 6.

8 Familie Kowalski im Kleingarten

a) Das Gemüsebeet ist 13,75 m lang und 6,35 m breit.
Wie viel m Zaun benötigt Frau Kowalski?

b) Der Schneckenzaun wird zusammengesteckt.
Herr Kowalski kauft acht Stücke von 1 m Länge und vier Eckelemente.
Zeichne auf, welche Möglichkeiten er hat, ein Beet einzufassen.

c) Lisa will ein rechteckiges Beet anlegen. Sein Umfang wird 1 240 cm haben.
Ihr Beet hat an einer Seite 4,20 m gemeinsamen Zaun mit dem Beet von Lena.

d) Herr Kowalski hat 50 m Zaun gekauft.
Reicht der für die Beete von Lisa und das ihrer Mutter?

e) Lena steckt sich ein dreieckiges Beet ab.
Sie sät 10 Sonnenblumenkerne und setzt 30 Erdbeerpflanzen.

Parallelogramm

1 Gelenkmodelle

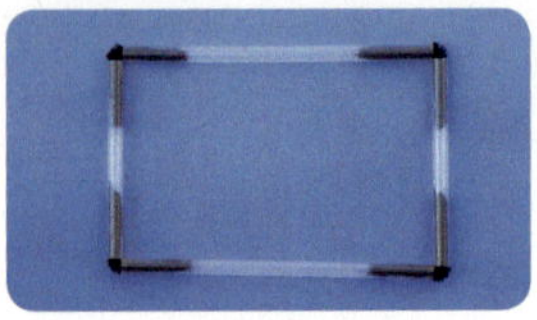 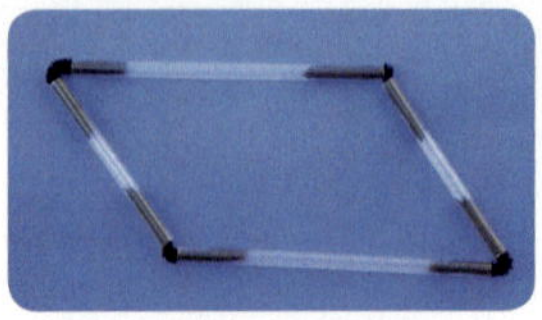  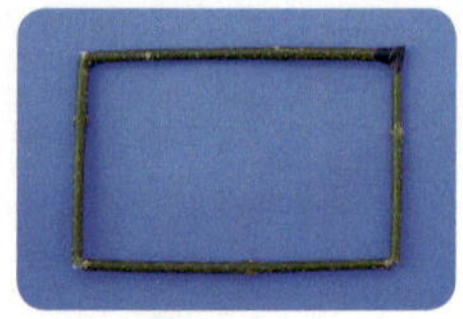

a) Stellt rechteckige Gelenkmodelle her.

b) Verschiebt die Kanten der Modelle gegeneinander. Was fällt euch auf?

c) Was bedeutet parallel?

2 Parallelogramm am Geobrett

a) Spanne Rechtecke auf dem Geobrett und verändere sie zum Parallelogramm.

b) Übertrage immer beide Figuren in dein Heft.

c) Zeichne den Umfang rot und den Flächeninhalt blau.

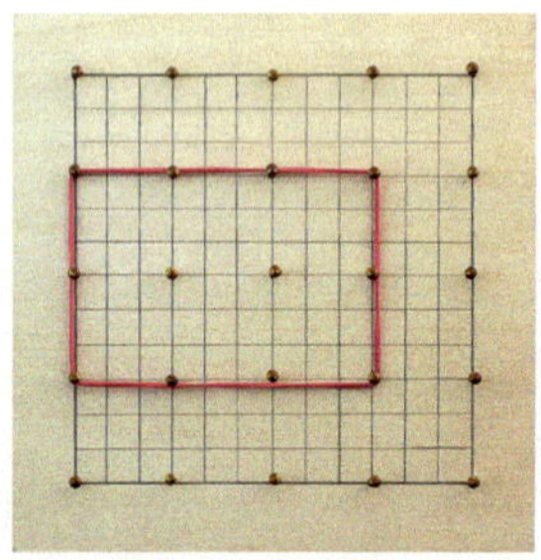 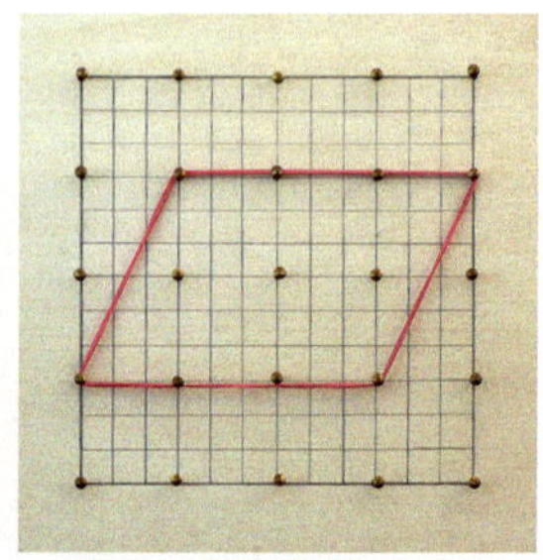

3 Beschreibt die Eigenschaften des Parallelogramms.
Erstellt einen Steckbrief. Denkt an Ecken, Seiten, Winkel …

4 Übertrage ins Heft und ergänze zu Parallelogrammen.

a) b)

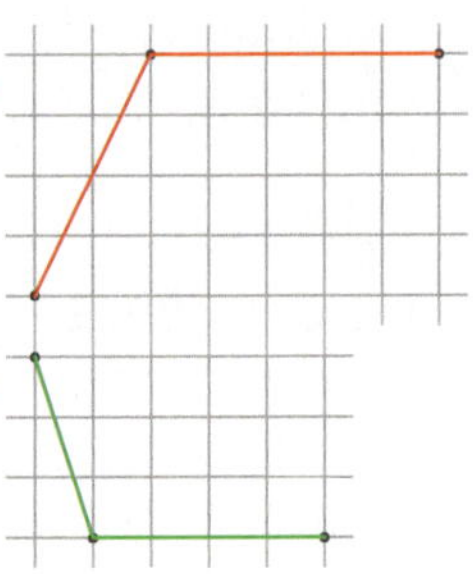

c)

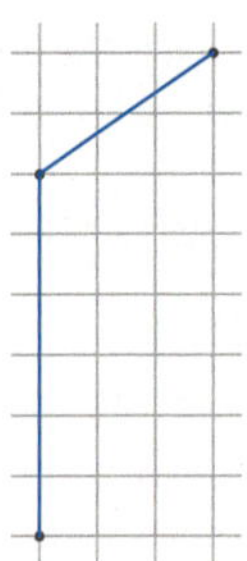

5 Umfang des Parallelogramms

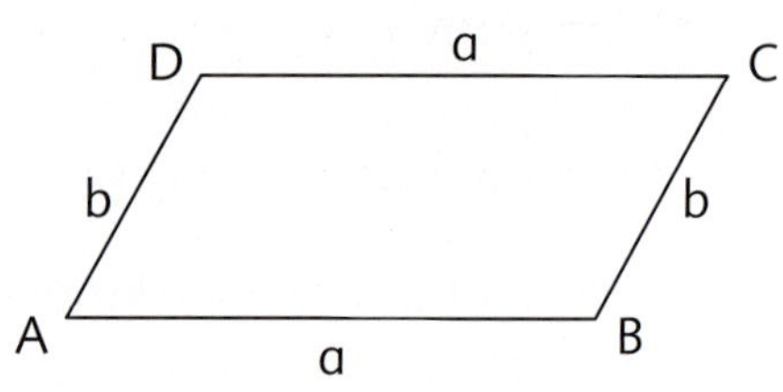

$u_{▱} = a + b + a + b$
$u_{▱} = 2 \cdot a + 2 \cdot b$

Was fällt dir an der Formel auf?

6 Zeichne Parallelogramme auf Kästchenpapier und berechne die Umfänge.

Flächeninhalte mit Einheitsquadraten ausmessen

1

Wie löst ihr das Problem? Begründet.

2 Messen mit dem Quadratzentimeter und dem Quadratmeter

a) Sucht Flächen, die ihr ausmessen könnt.

b) Entscheidet, ob ihr in Quadratzentimetern oder in Quadratmetern messt.
Schätzt zuerst den Flächeninhalt.
Messt danach aus.

c) Notiert eure Ergebnisse in einer Tabelle.

Fläche	Flächeninhalt geschätzt	Flächeninhalt gemessen
Fußboden	etwa ▢	▢
Handrücken	▢	▢
Matheheft	▢	▢
…	…	…

3 Welche Flächen von Aufgabe 2 könnt ihr gut ausmessen?
Stellt eure Lösungswege vor.

4 Spannt Figuren und messt ihren Flächeninhalt mit Quadratzentimetern aus.

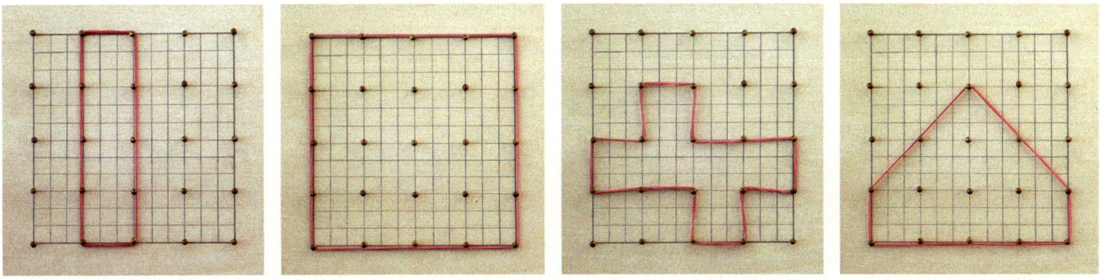

Vergleicht und besprecht eure Ergebnisse.

Flächeninhalt berechnen

1 Erzähle.

Das ist Oles Rechteck:

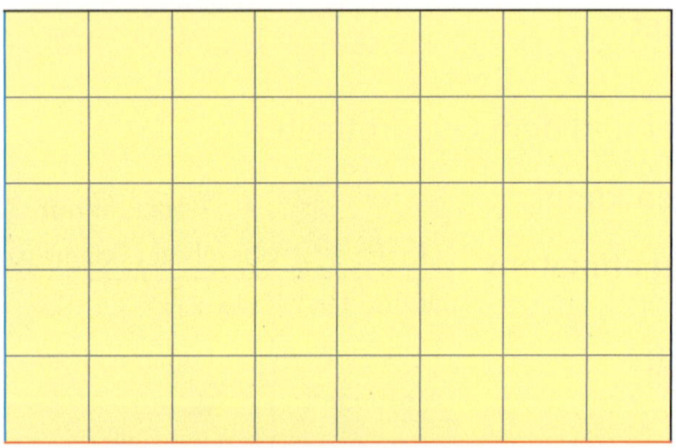

Das ist Gretas Quadrat:

a) Bildet Arbeitsgruppen. Überlegt, wie Paul, Ole und Greta die Flächeninhalte beider Figuren bestimmen könnten.

b) Stellt eure Ideen vor. Diskutiert in der Gruppe.

c) Übertragt die Lösungswege auf andere Rechtecke und Quadrate.

Der Flächeninhalt einer Figur wird mit „A" bezeichnet.
Flächeninhalt eines Rechtecks = Länge · Breite
$A_{\square} = a \cdot b$ $A_{\square} = a \cdot a$
Der Flächeninhalt wird angegeben in …
Quadratkilometer: km^2
Quadratmeter: m^2
Quadratzentimeter: cm^2
Quadratmillimeter: mm^2

Ich kann für die Länge und für die Breite die Seitenbezeichnungen a und b schreiben. Das ist kürzer.

A kommt aus dem Englischen: area = Areal, das bedeutet Flächeninhalt.

2 Flächeninhalt von Rechteck und Quadrat berechnen

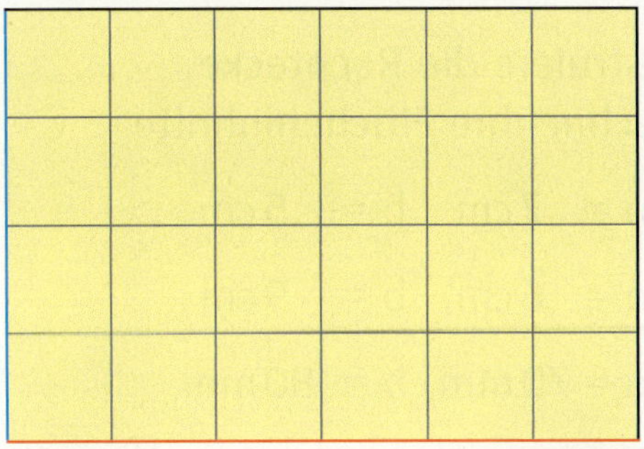

Das Rechteck ist 4 cm lang und 6 cm breit.

Es kann mit
$4 \cdot 6 = 24$ Quadratzentimetern
ausgelegt werden.

Der Flächeninhalt des Rechtecks
beträgt $24\,cm^2$.

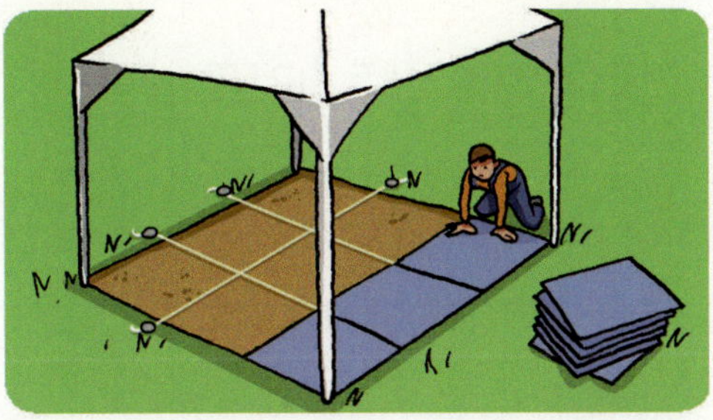

Der quadratische Boden der Gartenlaube
hat eine Seitenlänge von 3 m.

Er kann mit $3 \cdot 3 = 9$ Quadratmetern
ausgelegt werden.

Der Flächeninhalt des Quadrats
beträgt $9\,m^2$.

3 Die Fußleisten eines rechteckigen Raumes
sind 3 m und 5 m lang.
Wie groß ist der Flächeninhalt des Fußbodens?

4 Lena und Lisa wünschen sich für ihre
Zwergkaninchen ein Freigehege. Herr Kowalski
kauft zwölf Zaunelemente. Jedes ist 1 m lang.
Welche Flächeninhalte kann das Gehege haben?
Eine Skizze kann dir helfen.

5 Quadrat oder Rechteck? Bestimme und konstruiere die Figur.
Berechne den Flächeninhalt. Kontrolliert eure Ergebnisse gegenseitig.

a) a = 7 cm, b = 4 cm b) a = 9 cm c) a = 30 mm, b = 40 mm

d) a = 5,5 cm, b = 8 cm e) a = 85 mm f) a = 120 mm, b = 10,8 cm

6 Berechne die fehlende Seitenlänge. Konstruiere die Figur.

a) $A = 81\,cm^2$, a = 9 cm b) $A = 40\,cm^2$, b = 8 cm c) $A = 36\,m^2$, a = 6 m

7 Berechne die Umfänge der Figuren aus den Aufgaben 5 und 6.

Aufgaben zur Flächenberechnung

1 Konstruiere die Quadrate.
Berechne ihre Flächeninhalte.

a) a = 5 cm

b) a = 90 mm

c) a = 12 cm

d) a = 4 cm 5 mm

e) a = 75 mm

2 Konstruiere die Rechtecke.
Berechne ihre Flächeninhalte.

a) a = 7 cm, b = 5 cm

b) a = 6 cm, b = 9 cm

c) a = 70 mm, b = 80 mm

d) a = 95 mm, b = 40 mm

e) a = 10 cm, b = 2,5 cm

3 Bestimme die Figuren. Gib ihre Flächeninhalte in mm^2 an.

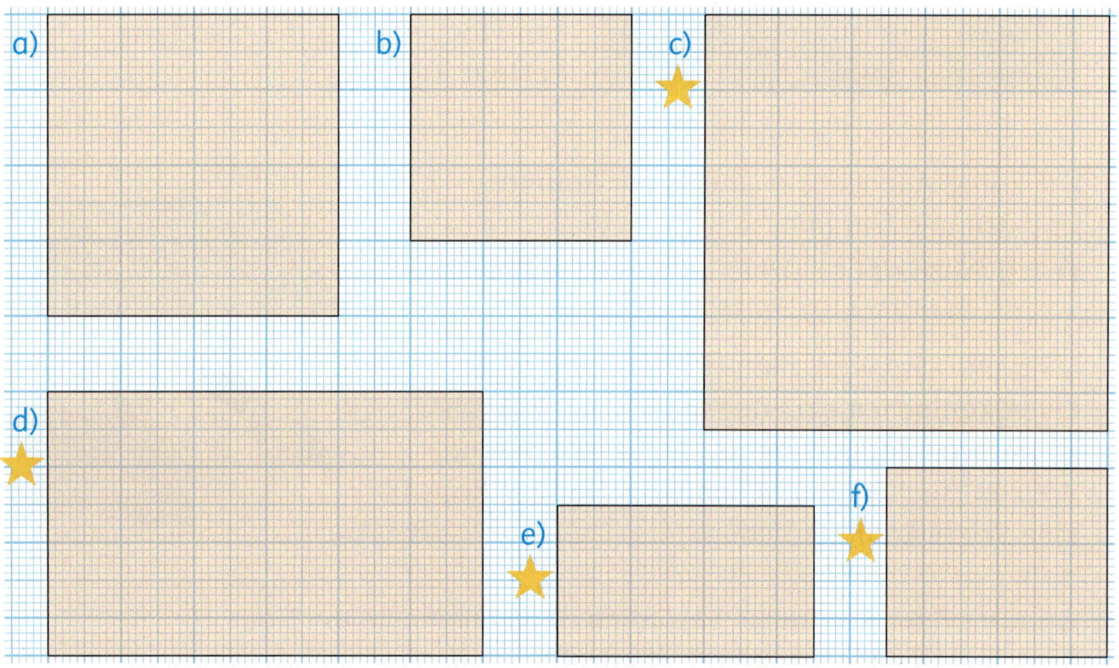

4 a) Konstruiert weitere Rechtecke und Quadrate auf Millimeterpapier.

b) Berechnet den Umfang und den Flächeninhalt eurer Figuren.

c) Kontrolliert eure Ergebnisse mit dem Taschenrechner.

5 Familie Kowalski möchte den Fußboden der Küche neu fliesen.
Die Küche hat Seitenlängen von 4 m und 5,5 m. Wie viele Quadratmeter Bodenfliesen benötigt sie? Ein Quadratmeter Fliesen kostet 17 €.

Aufgaben für Profis

1 Der Flächeninhalt eines Raumes beträgt $36\,m^2$.
Welche Formen könnte er haben?
Findet viele Möglichkeiten.
Wie lang ist der jeweilige Umfang?

Tipp: Legt die Figuren mit Streichhölzern.
Ein Streichholz entspricht einem Meter.

2 Familie Kowalskis Kleingarten

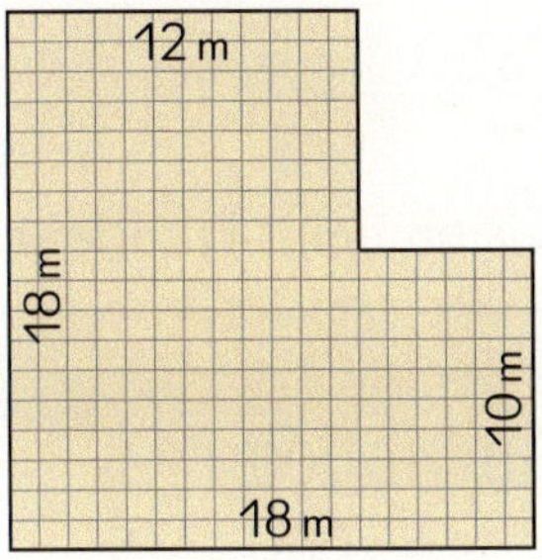

a) Wie groß ist das Gartengrundstück von Familie Kowalski? Berechne zuerst die fehlenden Angaben.

b) Der Pachtzins beträgt 20 Cent pro m^2 im Jahr.

c) Für alle Nebenkosten bezahlt Familie Kowalski insgesamt 190 € im Jahr.
Was kostet der Kleingarten monatlich?

3 In Neustadt gibt es mehrere Sportanlagen, bei denen die Umzäunung erneuert wird. Für welche Anlage wird der längste Zaun benötigt? Schätze zuerst und berechne anschließend. Kontrolliere mit dem Taschenrechner.

a) Länge = 80 m, Breite = 50 m

b) Länge = 85 m, Breite = 52 m

c) Länge = 92 m, Breite = 44 m

d) Länge = 74 m, Breite = 74 m

e) Berechne auch die Flächeninhalte der Sportanlagen.

4 Auf dem Reiterhof wird eine Koppel neu eingezäunt. Sie ist 27 m lang und 21 m breit. Der Draht wird dreimal um diese Weide gespannt.

a) Wie viel Meter Draht werden insgesamt benötigt?

b) Wie teuer ist der Zaun, wenn ein Meter Draht 1,50 € kostet?

★ c) Alle drei Meter wird ein Pfahl gesetzt.
Einer davon kostet 5,20 €.

d) Wie groß ist der Flächeninhalt der Koppel?
Eine Skizze kann dir helfen.

1. Frage stellen 2. Überschlag 3. Rechnung 4. Kontrolle 5. Antwort

Wiederholung

1 Finde zu dem Bild Rechengeschichten zum Multiplizieren und Dividieren.

2 Berechne den Quotienten im Kopf.

Der Quotient von 36 : 9 ist 4.

Das Ergebnis einer Division heißt Quotient.

a)	b)	c)	d)
45 : 5	160 : 4	3500 : 5	15000 : 5
32 : 4	210 : 7	4800 : 8	45000 : 9
72 : 8	420 : 6	2700 : 3	24000 : 12

3 Welche Zahlen fehlen? Schreibe die Aufgaben in dein Heft.

a)	b)	c)	d)
49 : 7 = ■	36 : ■ = 6	350 : 7 = ■	■ : 6 = 800
81 : ■ = 9	■ : 4 = 9	560 : ■ = 70	2100 : ■ = 300
■ : 5 = 6	63 : 7 = ■	■ : 3 = 90	1500 : 5 = ■

4 Bilde Aufgabenfamilien.

a) 6 | 9 | 54

6 · 9 = ■ 54 : 6 = ■
9 · 6 = ■ 54 : 9 = ■

b) 2 | 8 | 16

16 : 2 = ■ 2 · 8 = ■
■ : ■ = ■ ■ · ■ = ■

c) 3 | 9 | 27 d) 5 | 8 | 40 e) 4 | 9 | 36 f) 7 | 8 | 56

5 Finde die Aufgabenfamilien.

a) 2 | 7 | ☐ b) 5 | ☐ | 45 c) ☐ | 6 | 42 d) ☐ | ☐ | 36

Division mit Rest

1

a) Tim hat sich dazu eine Skizze angefertigt. Erkläre.

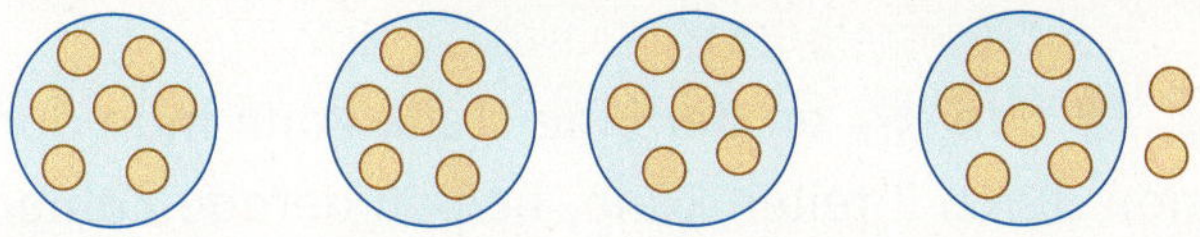

30 : 4 = 7 R 2

b) Die Kinder wollen die 25 Gläser in drei Reihen aufstellen. Geht das?

2 Rechne und schreibe das Ergebnis mit Rest.

a)	b)	c)	d)	e)	f)
13 : 2	43 : 10	16 : 3	29 : 7	28 : 9	45 : 6
17 : 2	76 : 10	22 : 3	62 : 7	70 : 9	9 : 8
19 : 4	28 : 5	35 : 6	33 : 8	26 : 3	17 : 7
5 : 4	39 : 5	13 : 6	58 : 8	51 : 5	85 : 9

3 Besondere Divisionsaufgaben

a) Verteile 5 Äpfel auf 5 Kinder. Wie viel Äpfel bekommt jedes Kind?

5 : 5 = 1

Eine Zahl durch sich selbst dividiert ist 1.

b) Verteile 5 Äpfel an ein Kind. Wie viel Äpfel bekommt das Kind?

5 : 1 = 5

Eine Zahl durch 1 dividiert ist die Zahl selbst.

c) Verteile 5 Äpfel auf kein Kind. Geht das?

5 : 0 nl

Durch null kann man nicht teilen. Die Aufgabe ist nicht lösbar.

4 Bilde die Quotienten.

a)	b)	c)	d)	e)
8 : 8	10 : 0	234 : 234	258964 : 0	36846 : 36846
6 : 1	2 : 2	869 : 1	687412 : 1	295234 : 1

nl bedeutet: nicht lösbar

Teilbarkeitsregeln

1

2 ist ein Teiler von 6.

5 ist ein Teiler von 15.

Schreibe die jeweiligen Zahlen in dein Heft. Ergänze die Merksätze.

a) Welche der Zahlen von 1 bis 20 kann man durch 2 teilen?

> Zahlen mit einer ■, ■, ■, ■ oder ■ an der Einerstelle kann man durch 2 teilen. Alle Zahlen, die man durch 2 teilen kann, heißen gerade Zahlen.

b) Welche der Zahlen von 1 bis 50 kann man durch 5 teilen?

> Zahlen mit einer ■ oder einer ■ an der Einerstelle kann man durch 5 teilen.

c) Welche der Zahlen von 1 bis 100 kann man durch 10 teilen?

> Zahlen mit einer ■ an der Einerstelle kann man durch 10 teilen.

2 a) Welche Zahlen sind durch 2, 5 oder 10 teilbar?

6 75 40 3 680 858 67 920 38 99 15 100 2 468 585 1 426 500 000

Zahl	teilbar : 2	teilbar : 5	teilbar : 10
15	–	×	–
40	×	×	■
…	…	…	…

b) Finde weitere große Zahlen, die durch 2, 5 oder 10 teilbar sind.

3 Suche dir 10 Zahlen aus und schreibe dazu die Divisionsaufgaben mit 2, 5 oder 10.

28 81 50 6 350 21 756 10 55 545 9 72 15 36 170 936 1 135 119

4 Findet alle Teiler zu diesen Zahlen.

a) 21 b) 45 c) 64 d) 9 e) 12 f) 24 g) 72 h) 16 i) 100

Halbschriftliche Division

1 Teile mit System. Was fällt dir auf?

a)	b)	c)	d)
35 : 5	56 : 8	63 : 9	42 : 7
350 : 5	560 : 8	630 : 9	420 : 7
3500 : 5	5600 : 8	6300 : 9	4200 : 7
35000 : 5	56000 : 8	63000 : 9	420000 : 7

e) Erfinde eigene Aufgaben mit System und lass sie von deinem Partner lösen.

2 Berechne den Quotienten.

a) : 4	b) : 6	c) : 3	d) : 8
800	1800	21000	480000
3200	5400	27000	320000
1200	3600	15000	160000
2400	4200	60000	720000

3 In einer Bäckerei werden 624 Brezeln und 780 Mohnbrötchen für sechs Filialen gebacken.

a) Wie viele Brezeln bekommt jede Filiale?

Ich rechne nacheinander:
600 **geteilt durch** 6 **gleich** 100
24 **geteilt durch** 6 **gleich** 4

624 : 6 =
600 : 6 = 100
24 : 6 = 4

Ich zähle die Ergebnisse zusammen:
100 **plus** 4 **gleich** 104. Das Ergebnis 104 schreibe ich hinter die Aufgabe.

624 : 6 = 104
600 : 6 = 100
24 : 6 = 4

b) Wie viele Mohnbrötchen bekommt jede Filiale? Rechne wie Tim.

4 Rechne halbschriftlich. Zerlege geschickt.

a)	b)	c)	d)
2460 : 2	624 : 2	12800 : 2	19374 : 2
3930 : 3	237 : 3	28200 : 3	★ 46785 : 5
8440 : 4	336 : 4	24500 : 5	57888 : 8
6824 : 2	132 : 6	39600 : 6	58887 : 9

5 Bei einer siebentägigen Fahrradtour legen Noah und Paul insgesamt 364 km zurück. Wie viele Kilometer sind sie durchschnittlich an einem Tag gefahren?

Schriftliche Division

1 Der Flughafen Frankfurt-Hahn hat in einer Woche 87 241 Passagiere abgefertigt. Wie viele Fluggäste waren das durchschnittlich pro Tag?

Ich rechne schriftlich und beginne bei den Zehntausendern: Wie oft passt die 7 in 8?

ZT	T	H	Z	E				ZT	T	H	Z	E
8	7	2	4	1	:	7	=	1	2	4	6	3
7												
1	7											
1	4											
	3	2										
	2	8										
		4	4									
		4	2									
			2	1								
			2	1								
				0								

Probe:

	1	2	4	6	3	·	7
~~1~~ ~~3~~ ~~4~~ ~~2~~	8	7	2	4	1		

a) Erkläre deinem Partner, wie Ina rechnet.

b) Was ist beim Aufschreiben wichtig?

2 Dividiere schriftlich. Rechne Schritt für Schritt. Kontrolliere mit der Probe.

a) 27 492 : 2
30 698 : 2

b) 61 725 : 5
99 380 : 5

c) 94 402 : 7
95 764 : 4

d) 37 035 : 3
74 070 : 6

3 Achtung! Aufgepasst!

ZT	T	H	Z	E				ZT	T	H	Z	E
3	2	2	9	8	:	6	=	0	5	3	8	3
0												
3	2											
3	0											
	2	2										
	1	8										
		4	9									
		4	8									
			1	8								
			1	8								
				0								

Ich beginne bei den Zehntausendern. Wie oft passt 6 in 3? 0-mal. Ich schreibe 0. Wie oft passt 6 in 32?

Wie rechnet Paul weiter? Erkläre.

4 Berechne den Quotienten wie Paul. Rechne auch die Probe.

a) 4 123 : 7
3 588 : 4

b) 15 858 : 3
36 544 : 8

c) 14 136 : 6
71 010 : 9

d) 233 436 : 3
548 555 : 7

5 Überprüfe die Ergebnisse. Wenn du die Buchstaben richtig zusammensetzt, erhältst du ein Lösungswort.

a)

	richtig	falsch
21213 : 9 = 2357	N	T
13701 : 3 = 4567	A	O
60416 : 8 = 7542	B	S
173825 : 5 = 34756	R	E

b)

	richtig	falsch
45675 : 7 = 6525	M	A
34992 : 6 = 5823	H	U
28544 : 8 = 3568	N	I
407133 : 9 = 45236	S	D

6 Für eine Aufführung werden in der Aula 192 Stühle in acht Reihen aufgestellt.

a) Wie viele Stühle stehen in einer Reihe?

b) Welche anderen Anordnungen der 192 Stühle sind möglich? Eine Skizze kann dir helfen.

c) Wie viele Reihen sind es, wenn immer 16 Stühle in einer Reihe stehen?

d) Findest du weitere Stellmöglichkeiten?

7 Kenan hat Fehler gemacht. Findest du sie? Rechne richtig in deinem Heft.

```
36186 : 6 = 0613      7350 : 7 = 105      3241 : 6 = 054  R 1
0                     7                   0
36                    03                  32
36                     0                  30
 01                    35                  24
  0                    35                  24
  18                    0                  01
  18
   0
```

8 Welche Zahlen kannst du durch 2 oder durch 5 teilen? Bilde Aufgaben. Denke an die Teilbarkeitsregeln.

542368 213685 657434 953215 546871 666660

124867 354862 985463 784130 254775 223566

9 Berechne jeweils den Quotienten. Dein Partner kontrolliert.

a)	b)	c)	d)
8622 : 6	34244 : 7	47096 : 7	57074 : 6
10092 : 4	71586 : 9	61184 : 8	★ 34786 : 4
12782 : 7	31140 : 5	83205 : 9	62920 : 9

Lösung: 5 a) Nase; 5 b) Mund

Reisen in alle Welt

Tipp: Bearbeite die Aufgaben in fünf Schritten:
1. Frage stellen 2. Überschlag 3. Rechnung 4. Kontrolle 5. Antwort

1 Entfernungen von Frankfurt am Main

Atlanta	7416 km
Buenos Aires	8972 km
Honolulu	13006 km
Johannesburg	8690 km
Rio de Janeiro	9572 km
Seattle	10242 km
New York	6195 km

a) Welche Stadt ist am weitesten von Frankfurt entfernt? Ein Balkendiagramm kann dir helfen.

b) Frau Meier fliegt zum Strandurlaub nach Honolulu. Wie viele Kilometer fliegt sie hin und zurück?

c) Herr Fischer fliegt beruflich dreimal im Monat nach Seattle. Wie viele Flugkilometer legt er zurück?

d) Wie viele Passagiere fliegen in einem Monat nach Johannesburg?

e) Die Concorde flog die Strecke nach New York in etwa drei Stunden. Wie viele Kilometer legte sie in einer Stunde zurück?

f) Ein Flugzeug fliegt die Strecke nach Atlanta in neun Stunden. Wie viele Kilometer legt es in einer Stunde zurück?

g) Finde weitere Aufgaben und löse sie mit einem Partner.

2 Ein Reisemobil-Vermieter bestellt für die nächste Saison neue Wohnmobile.

Anzahl	Marke	Typ	Einzelpreis	Gesamtpreis
4	Inter Mobil	TD Aktivia		256500 €
7	Heinsberg	Royal		335930 €
6	Hangar	Classic		315600 €
5	Müllers	Camper		185000 €

a) Wie viel kosten die jeweiligen Wohnmobile einzeln?

b) Wie viel muss der Vermieter insgesamt bezahlen?

Rechnen mit Geld

1 Die Zwillinge Lisa und Lena haben Geburtstag. Sie wollen mit sechs Freunden gemeinsam feiern. Sie überlegen, was sie dafür benötigen.

Einkaufsliste

- 6 Fl Limo
- 6 Fl Spezi
- 3 Fl Orangensaft
- 3 Knabberboxen
- 3 Tüten Chips
- 2 Pakete Sticker
- 2 Pakete Servietten
- 4 Girlanden
- 5 Lampions

KASSENZETTEL

6 LIMO	2,10 €
6 SPEZI	2,70 €
3 O-SAFT	2,16 €
3 KNABBERBOX	1,83 €
3 CHIPS	4,11 €
2 STICKER	2,04 €
2 SERVIETTEN	1,94 €
4 GIRLANDEN	5,52 €
5 LAMPIONS	8,75 €

a) Was müssen die Mädchen insgesamt bezahlen?

b) Wie viel kostet ein Lampion?

Ich wandle den Betrag in Cent um und kann dann dividieren. Das Ergebnis wandle ich in Euro zurück.

Ich dividiere den Euro-Betrag. Wenn ich an das Komma gelange, dann setze ich es auch gleich im Ergebnis.

```
875 ct : 5 = 175 ct
5            = 1,75 €
37
35
 25
 25
  0
```

```
8,75 € : 5 = 1,75 €
5
37
35
 25
 25
  0
```

c) Findet weitere Aufgaben.

2 Berechne die Aufgaben. Welchen Rechenweg wählst du?

a)	b)	c)	d)
34,20 € : 6	26,48 € : 2	484,84 € : 4	2,70 € : 6
55,65 € : 7	56,80 € : 4	805,24 € : 2	★ 3,00 € : 4
93,24 € : 4	19,20 € : 6	947,65 € : 5	2,25 € : 5
23,25 € : 5	97,35 € : 3	964,95 € : 3	1,38 € : 2

3 Ein Facharbeiter verdient in acht Stunden 149,20 €.
Wie hoch ist sein Stundenlohn?

Schriftliche Division mit Zehnerzahlen

1 

In einer Getränkefabrik werden pro Stunde 23 040 Flaschen abgefüllt. Im Getränkehandel werden verschiedene Kistengrößen verwendet.

a) Wie viele Kisten werden benötigt, wenn in jeder Kiste 6 Flaschen sind?

b) Wie viele Kisten benötigt man bei einer Kistengröße von 20 Flaschen?

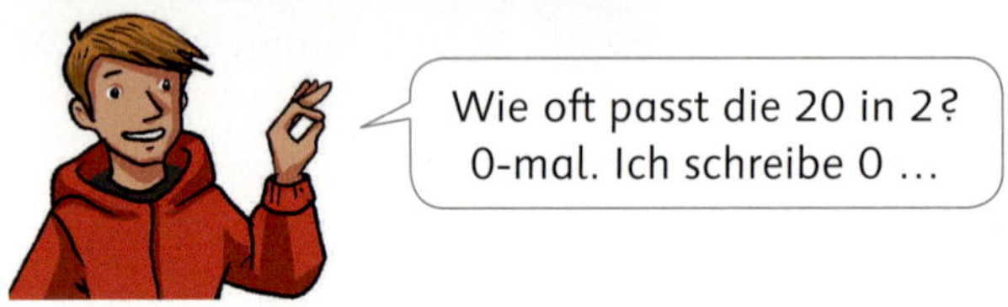


```
ZT T H Z E            ZT T H Z E
 2 3 0 4 0 : 2 0 =  0 1 1 5 2
 0
 2 3
 2 0
   3 0
   2 0
   1 0 4
   1 0 0
       4 0
       4 0
         0
```

c) Erkläre, wie Ole gerechnet hat.

2 Berechne jeweils den Quotienten. Rechne wie Ole. Kontrolliere mit der Probe.

a)	b)	c)	d)
1 520 : 20	8 240 : 40	66 080 : 80	58 680 : 90
1 470 : 30	6 850 : 50	72 540 : 90	46 550 : 70
2 720 : 40	4 800 : 30	37 520 : 70	39 520 : 80
1 900 : 50	7 140 : 60	50 720 : 80	63 210 : 70

3 Bei einem Radrennen werden 20 Runden gefahren, insgesamt 79 800 m. Wie lang ist eine Runde?

4 Ein Fahrradhändler bekommt 30 Fahrräder zu einem Gesamtpreis von 4 440 € geliefert. Wie teuer ist ein Fahrrad im Einkauf?

5 Eine schöne Dachwohnung mit Balkon hat eine Wohnfläche von 70 m² und kostet 154 000 €. Wie viel kostet ein Quadratmeter?

6 ★ Wenn das Fußballstadion in Dortmund ausverkauft ist, betragen die Einnahmen 2 421 600 €. Wie viele Plätze sind besetzt, wenn jeder Besucher im Durchschnitt 30 € bezahlt hat?

Schriftliche Division mit zweistelligen Zahlen

1 Am Lift zur Aussichtsplattform im Main Tower in Frankfurt am Main steht auf einem Schild „Tragkraft 1800 kg oder 24 Personen". Von welchem durchschnittlichen Gewicht für eine Person wird dabei ausgegangen?

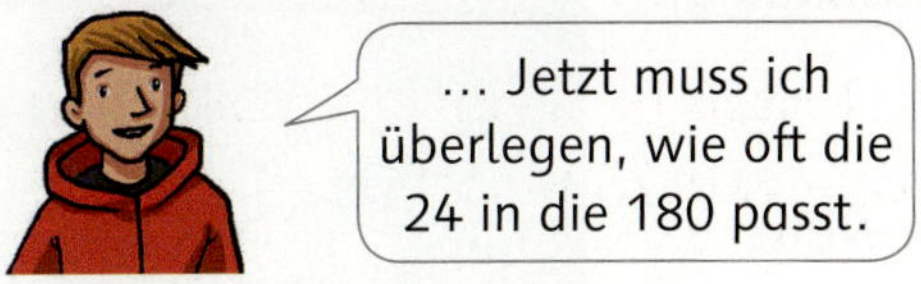

T	H	Z	E						T	H	Z	E	
1	8	0	0	kg	:	2	4	=	0	0			kg
0													
1	8												
	0												
1	8	0											

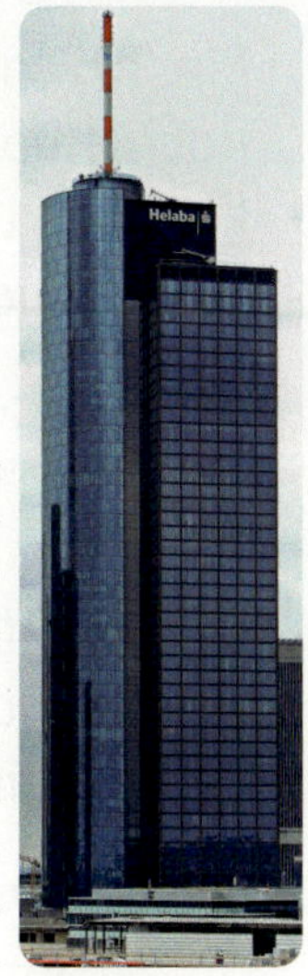

a) Erkläre, wie Tim rechnet.

b) Rechne die Aufgabe aus. Schreibe eine Antwort.

2 Wie oft passt:

a) 17 in 84, 63, 56, 112, 98?

b) 12 in 56, 87, 42, 100, 36?

c) 41 in 95, 134, 222, 354, 400?

d) 35 in 89, 247, 178, 333, 69?

Schreibe: 84 : 17 = 4 R 16

Tipp: Bei der Division durch zweistellige Zahlen hilft es dir, die jeweiligen Reihen aufzuschreiben.

17
34
51
68
85
102
119
136
153
170

3 Berechne den Quotienten. Kontrolliere mit dem Taschenrechner.

a)	b)	c)
4015 : 11	30945 : 15	23083 : 41
3420 : 12	45556 : 14	14445 : 45
8883 : 21	15903 : 31	57672 : 18
6168 : 12	24805 : 41	39104 : 26

4 Familie Kurz muss zum Kauf eines Hauses bei der Bank ein Darlehen von 252000 € aufnehmen. Sie will das Geld innerhalb von 15 Jahren zurückzahlen.

a) Wie viel Geld zahlt sie in einem Jahr zurück?

b) Wie viel Geld muss sie in einem Monat bezahlen?

5 Für den Bau einer Brücke werden 9594 t Beton benötigt. Drei Betonmischer können jeweils 26 t transportieren. Wie oft muss jeder von ihnen fahren?

Gemischte Aufgaben

1 Ein 132 m langes und 96 m breites Waldstück soll nach einem Sturmschaden neu aufgeforstet werden. Um die kleinen Pflanzen zu schützen, soll um die Fläche ein Zaun errichtet werden.

a) Fertige zunächst eine Skizze des Waldstückes an.

b) Wie viel Meter Zaun wird benötigt?

c) Die Pfosten sollen einen Abstand von jeweils 6 m haben. Wie viele Pfosten werden für eine der längeren Seiten benötigt?

d) Wie viele Pfosten werden für den gesamten Zaun benötigt?

2 Von einer Fernsehserie im Vorabendprogramm wurden schon 1 250 Sendungen von jeweils 30 Minuten ausgestrahlt. Auf eine DVD passen drei Stunden Film.

a) Wie viele Minuten (Stunden) wurden bisher insgesamt gesendet?

b) Wie viele DVDs benötigt man für alle Folgen?

c) Wie teuer ist der DVD-Stapel, wenn eine DVD 1,50 € (2,10 €) kostet?

★ d) Jede Woche läuft eine Sendung. Wie viele Jahre läuft die Serie schon?

3 ★ Familie Hausmann möchte sich ein neues Auto für 17 500 € kaufen.
Mit dem Verkäufer vereinbart sie folgende Finanzierung:
- Anzahlung sofort 3 100 €
- 48 gleiche Monatsraten
- eine Restzahlung am Ende der Laufzeit von 3 312 €

Wie teuer ist eine Monatsrate, wenn keine Zinsen anfallen?

4 In einem Reisekatalog für den Schwarzwald finden sich folgende Anzeigen.

★★★★ Hotel Jägerhof
7 Tage HP 399 €

★★★★ Hotel Berghof
12 Tage HP 648 €

★★★★ Hotel Bergblick
3 Tage HP 198 €

a) Vergleiche die Angebote. b) Finde Gründe für die Preisunterschiede.

1. Frage stellen 2. Überschlag 3. Rechnung 4. Kontrolle 5. Antwort

Mathe mit Methode: Quiz

Bei einem Quiz kannst du Unterrichtsinhalte spielend lernen und wiederholen.

1 Suche dir einen Partner. Erarbeitet gemeinsam Karten für ein Divisions-Quiz.

1. Schritt: Denkt euch Fragen oder Rechenaufgaben zur Division aus.
2. Schritt: Schreibt die Frage auf die Vorderseite der Karte und die Antwort auf die Rückseite.
3. Schritt: Nun könnt ihr die Fragen eurem Partner oder der Gruppe stellen.
4. Schritt: Der Spieler, der die richtige Antwort weiß, bekommt die Karte.
5. Schritt: Gewonnen hat der Spieler mit den meisten Karten.

Vorderseite	Rückseite
Wie heißt das Ergebnis einer Divisionsaufgabe?	Quotient
490 : 7	70
Ist 2375 teilbar durch 2, 5, oder 10?	5

2 Erarbeitet mit einem Partner Karten für ein Multiplikations-Quiz.

a) Probiert euer Multiplikations-Quiz zunächst aus.

b) Lasst eine andere Gruppe mit eurem Quiz spielen.

c) Jetzt wird es schwerer: Mischt die Karten mit dem Divisions-Quiz aus Aufgabe 1.

3 Für Profis! Der große Mathe-Preis

a) Denkt euch Aufgaben zu verschiedenen mathematischen Bereichen aus. Sie müssen unterschiedlich schwer sein.

Addition	Subtraktion	Multiplikation	Division	Geometrie
10	10	10	10	10
20	20	20	20	20
50	50	50	50	50
100	100	100	100	100
200	200	200	200	200

b) Ordnet die Aufgaben auf eurem Spielplan den Punkten zu.

c) Zwei Kinder oder zwei Gruppen spielen gegeneinander.

d) Die erste Gruppe entscheidet sich für einen Bereich und die Punktezahl. Sie muss die dazugehörige Aufgabe lösen. Dann erhält sie die Punkte.

e) Gewonnen hat die Gruppe mit den meisten Punkten.

Zu Aufgabe 3 gibt es eine Kopiervorlage als Spielvorlage. Zusammenfassung S. 160

Glücksspiele erkunden

1 Das Glücksrad wird 20-mal gedreht.
Die Farbe, die am häufigsten kommt, gewinnt.

a) Erzähle.

b) Warum setzt Kenan wohl auf Rot? Stellt Vermutungen an.

c) Auf welche Farbe würdest du wetten? Begründe.

2 Jetzt seid ihr dran: Stellt ein Glücksrad her.

a) Setzt zuerst auf eine Farbe.
Dreht anschließend das Glücksrad 20-mal.

b) Beobachtet genau und fertigt eine Strichliste an.

c) Zählt die Striche und ergänzt zur Häufigkeitsliste.

d) Welche Farbe hat gewonnen?
Vergleicht mit den anderen Gruppen.

Farbe	Strichliste	Häufigkeitsliste
Rot	II	2
Blau	I	
Gelb	I	
Lila	I	
	Gesamt	20

3 Welche Farbe wird am häufigsten gedreht?

a) Überlegt gemeinsam. Könnt ihr vorhersagen, welche Farbe am häufigsten gedreht werden wird? Stellt eine Vermutung auf. Begründet.

b) Überprüft eure Vermutung, indem ihr 100-mal dreht.

c) War eure Vermutung richtig?

d) Paul sagt: „Ich kann das einfach sehen. Alle Felder sind gleich groß." Was meint Paul? Erzähle.

4 Betrachtet das abgebildete Glücksrad.
Was meint ihr: Welche Farbe hat die besten Gewinnchancen?
Begründet.

hierzu Angebote in den Kopiervorlagen nutzen

5

a) Erzähle.

b) Was glaubst du: Welche Zahlen kommen beim Würfeln am häufigsten vor?

6 Jetzt seid ihr dran.
Würfelt abwechselnd mit einem Würfel.

a) Was glaubt ihr: Welche Zahl wird am häufigsten gewürfelt? Setzt auf eine Zahl. Würfelt anschließend 30-mal.

b) Fertigt eine Strichliste und eine Häufigkeitsliste an.

c) Welche Zahl hat gewonnen? Vergleicht mit den anderen Gruppen.

Zahl	Strichliste	Häufigkeitsliste
1	|	
2	||	
3	|	
4	|	
5	|	
6	||	
	Gesamt	30

7 Welche Zahl wird am häufigsten gewürfelt?

a) Überlegt gemeinsam. Könnt ihr vorhersagen, welche Zahl am häufigsten gewürfelt werden wird? Stellt eine Vermutung auf. Begründet.

b) Überprüft eure Vermutung, indem ihr 200-mal würfelt.

c) War eure Vermutung richtig?

d) Greta sagt: „Die Frage ist doch ganz leicht. Schaut euch den Würfel genau an.“ Was meint Greta? Erzähle.

8 Nun weißt du, welche Zahlen die besten Chancen beim Würfeln haben.
Vergleiche mit deiner Vermutung in Aufgabe 5. Notiere einen Merksatz.

9 Lena und Lisa sollen den Müll zur Mülltonne bringen.
Beide haben aber keine Lust. Lisa sagt: „Lass uns einen Münzwurf machen. Bei Kopf gehe ich, bei Zahl gehst du.“

a) Was meint ihr? Ist das ein fairer Vorschlag? Erzählt.

b) Probiert aus: Werft die Münze 20-mal. Vergleicht eure Ergebnisse mit euren Vermutungen.

Was ziehe ich an? – Kombinationen finden

1 Erzähle.

Wie viele verschiedene Möglichkeiten hat Lena sich anzuziehen? Überlegt gemeinsam.

2

a) Erzähle.

b) Übertrage die Tabelle ins Heft. Trage in die Spalten ein: Pulli, Hose, Schuhe.

Pulli	Hose	Schuhe

…		

c) Vervollständige die Tabelle, bis du alle möglichen Kombinationen gefunden hast.

d) Lisa sagt: „Ich gehe systematisch vor." Was meint sie damit?

3

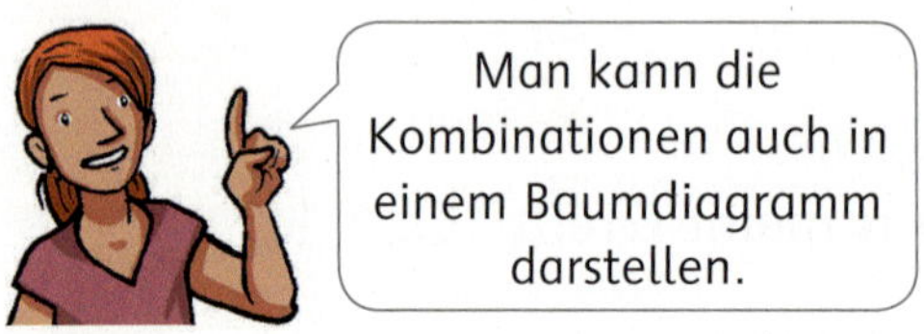

Wie hat Lisa das Baumdiagramm gezeichnet? Erkläre und begründe. Vervollständige.

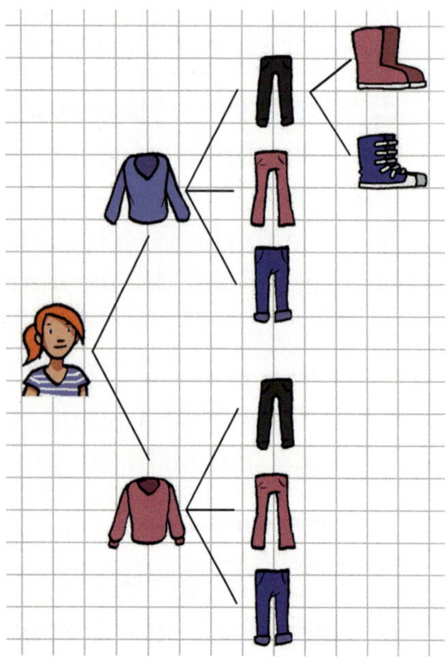

4 a) Wenn ihr von Lenas Kleidung eine Hose wegnehmt: Wie viele Möglichkeiten bleiben dann noch übrig? Überlegt gemeinsam. Erstellt eine Tabelle und ein Baumdiagramm.

b) Was passiert, wenn ihr zusätzlich zur Hose noch ein Paar Schuhe wegnehmt?

Was ist der Durchschnitt?

1 Erzähle.

Frauen werden heute im Durchschnitt mit 26 Jahren Mutter

WIESBADEN – Das Durchschnittsalter der Mütter bei der Geburt ihres ersten Kindes ist in den letzten Jahren gestiegen. Heutzutage bekommen Frauen ihr erstes Kind im Durchschnitt mit 26 Jahren. 1960 waren Frauen bei der Geburt ihres ersten Kindes 3 Jahre jünger.

18.12.2007

Was bedeutet „im Durchschnitt"?

2 Bestimmt das Durchschnittsalter eurer Mütter bei der Geburt ihres ersten Kindes.

a) Fragt eure Mütter, wie alt sie bei der Geburt ihres ersten Kindes waren.

b) Fertigt eine Liste an. Alter: 22, 27, 30, 19, ...

c) Wie kann man das Durchschnittsalter ausrechnen? Überlegt gemeinsam.

d) Berechnet das Durchschnittsalter.

e) Vergleicht mit den anderen Gruppen. Habt ihr das Gleiche herausbekommen?

3 Man kann neben dem Durchschnitt auch bestimmen, welche Mutter vom Alter genau in der Mitte liegt. Das ist zum Beispiel auch beim „Mittelkind" in Familien so. Wenn in einer Familie fünf Kinder leben, dann ist das Mittelkind das Kind, das vom Alter her genau in der Mitte liegt.

a) Fragt in eurer Klasse nach: Ist jemand in seiner Familie ein Mittelkind?

b) Bestimmt, welche Mutter vom Alter her bei der Geburt ihres ersten Kindes genau in der Mitte liegt. Wie könnt ihr dabei vorgehen? Erzählt.

4 Messt die Körpergröße der Kinder eurer Klasse und fertigt eine Liste an.

a) Wie kann man ausrechnen, wie groß die Kinder im Durchschnitt sind? Überlegt und rechnet.

Juri 1,60 m, Anna 1,45 m, Mira 1,47 m, ...

b) Welches Kind liegt von der Körpergröße her genau in der Mitte?

Wiederholung

1 Gestaltet eine Körperausstellung.

a) Welche Körper kennt ihr?

b) Beschreibt ihre Merkmale.

Ein Würfel hat acht Ecken ...

c) Erinnert euch und vervollständigt die Sätze:

Die Fläche, auf der ein Körper steht, heißt ...

Die obere Fläche eines Körpers ...

Die Flächen an den Seiten ...

2 Körpernetze herstellen

a) Schneidet verschiedene Verpackungen an den Kanten so auf, dass Körpernetze entstehen.

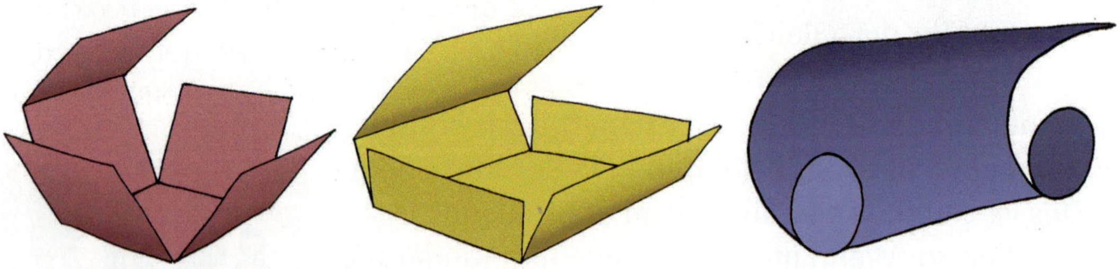

b) Zeichnet Körpernetze.

c) Betrachtet die Körpernetze. Bestimmt die Körper aus den Netzen.

Tipp: Abrollen oder Umfahren des Körpers hilft.

3 a) Zeige jeweils die Grund-, Deck- und Seitenflächen.

b) Was fällt dir auf? Begründe.

4 Bau eines Quadermodells

Du brauchst: 2 quadratische Notizzettel, 5 dicke 25 cm lange Trinkhalme, 8 kleine Perlen sowie Schere, Lineal, Klebstoff, Kleister

a) Falte und schneide acht Ecken aus den Notizzetteln.
Klebe in jede Ecke mit Kleister eine Perle. Lass den Kleister gut trocknen.

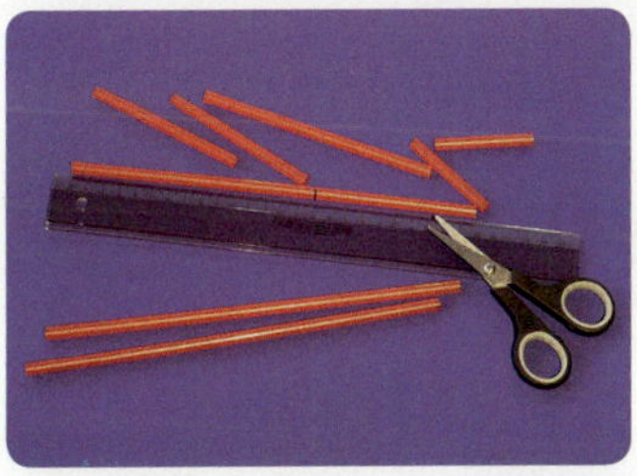

b) Schneide die Trinkhalme zu.
Du brauchst jeweils vier 15 cm, 10 cm und 6 cm lange Stücke.

c) Klebe aus vier Perlen und vier Trinkhalm-Stücken ein Rechteck. Die gegenüberliegenden Trinkhalm-Stücke müssen gleich lang sein. Das wird die Grundfläche. Achte auf die rechten Winkel. Die Faltecken helfen dir dabei.

d) Klebe an die Perlen auch nach oben vier gleich lange Trinkhalm-Stücke. Das sind die Kanten der Seitenflächen. Achte wieder auf die rechten Winkel.

e) Klebe nun die Kanten der Deckfläche. Mache es genau wie bei der Grundfläche. Klebe die Deckfläche auf die vier Trinkhalme, die die Kanten der Seitenflächen darstellen.

Würfelbauten, Baupläne und Ansichten

1 Baut nach den Plänen. Wie viele Würfel braucht ihr jeweils?

a)

3	1	1	3
1	2	2	1
1	2	2	1
3	1	1	3

b)

0	2	2	1
1	3	3	2
2	1	1	2
1	0	0	1

c)

4	1	1	1
2	1	1	2
2	1	1	2
1	1	1	4

d)

0	1	1	1
1	3	2	1
1	2	3	1
1	1	1	0

2 Zeichne die Pläne zu den einzelnen Bauwerken wie in Aufgabe **1** in dein Heft. Vergleiche mit einem Partner. Diskutiert eure Ergebnisse.

a)

b)

c)

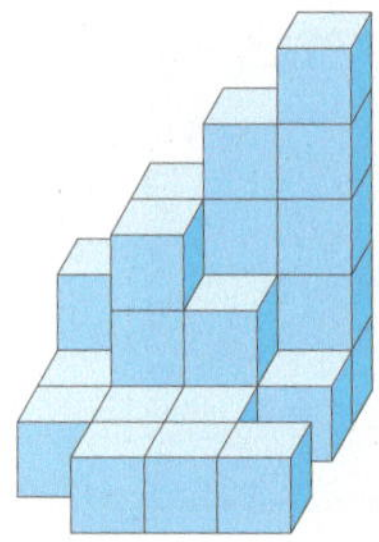

d)

3 Von welcher Seite schaut ihr auf das Würfelbauwerk?

a)

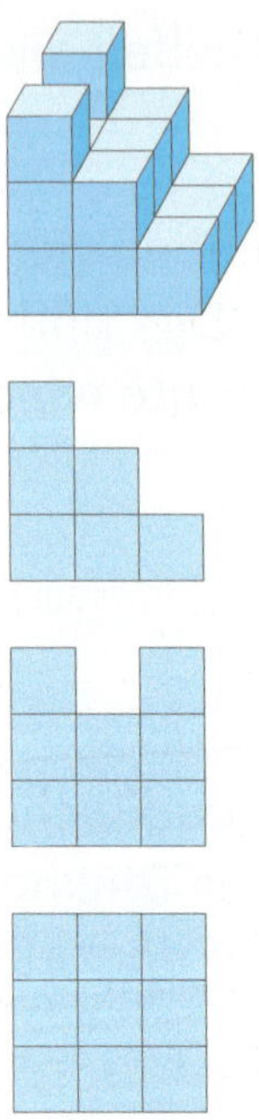

b)

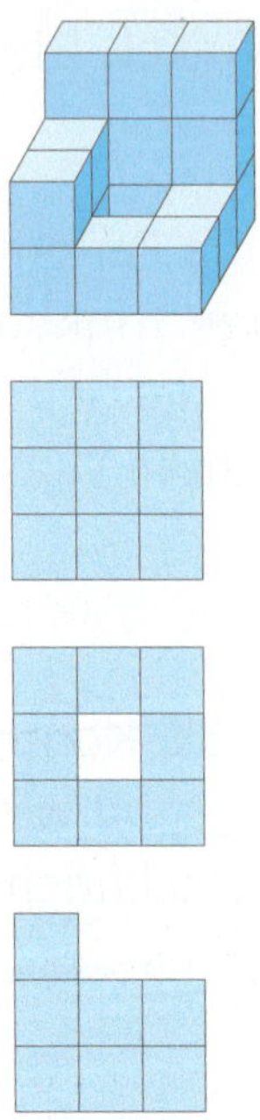

c)

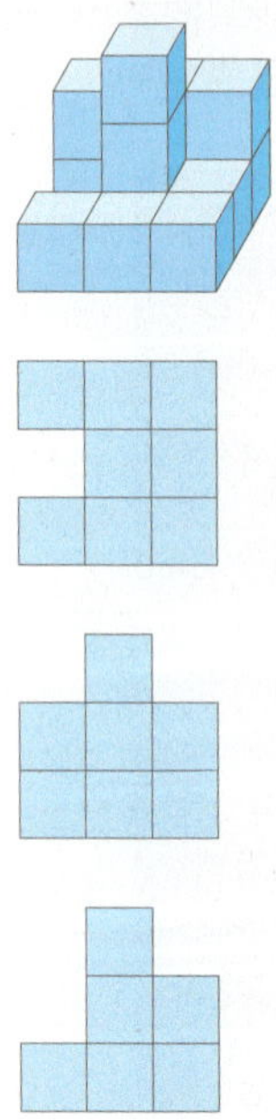

d)

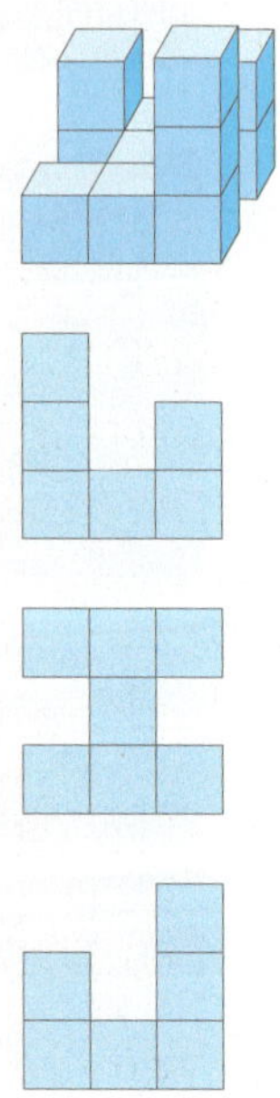

Schrägbilder

1 Betrachte die Bilder.
Was fällt dir auf?

2 Um einen Körper zu zeichnen, erstellst du ein Schrägbild.
So zeichnest du einen Würfel mit der Kantenlänge 6 cm.

1 Zeichne ein Quadrat mit a = 6 cm.

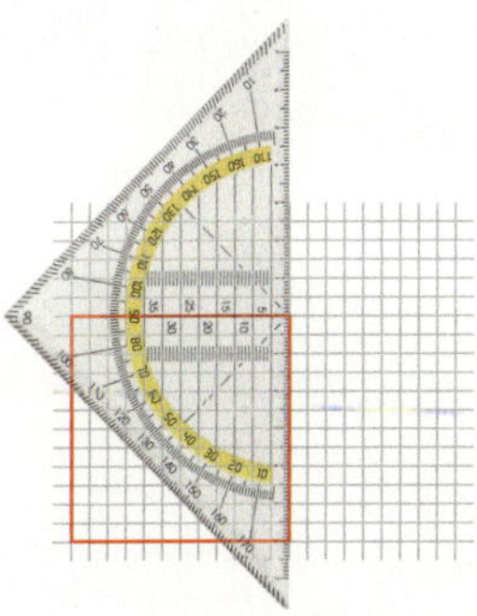

2 Zeichne die Kanten, die nach hinten zeigen. Sie sollen in einem Winkel von 45° verlaufen.

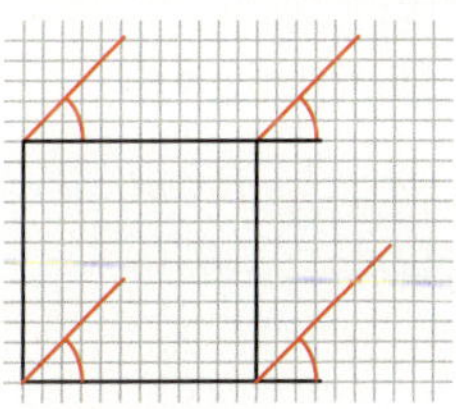

3 Die nach hinten verlaufenden Kanten müssen um die Hälfte verkürzt werden: a : 2 = 3 cm
Zeichne Kreisbögen mit r = 3 cm, um die Ecken des Würfels zu markieren.

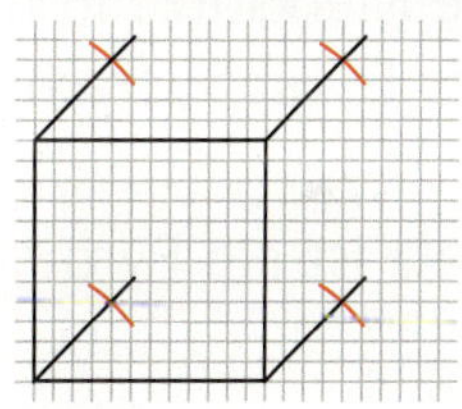

4 Zeichne alle sichtbaren Kanten ein. Verbinde dazu die einzelnen Eckpunkte.

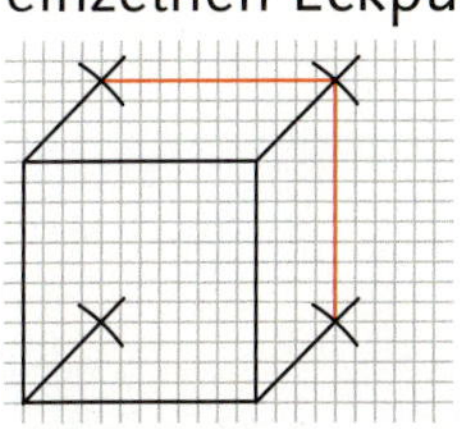

5 Die Seiten, die nicht zu sehen sind, werden gestrichelt.

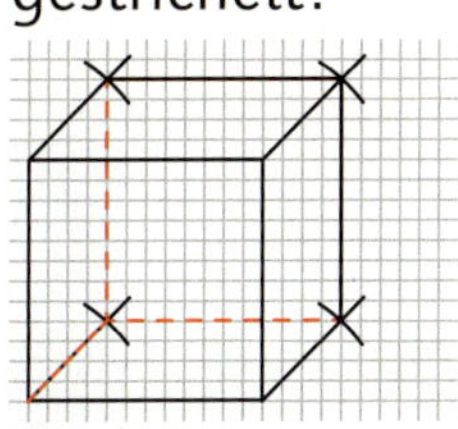

6 So sieht das fertige Schrägbild des Würfels aus:

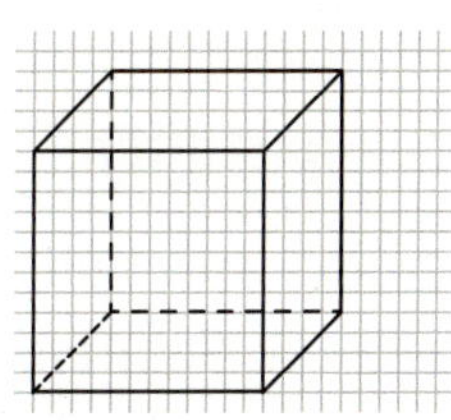

3 a) Zeichne Schrägbilder von Würfeln. Bestimme selbst die Kantenlänge a.

b) Vergleiche deine Schrägbilder mit denen eines Partners.

Pyramiden

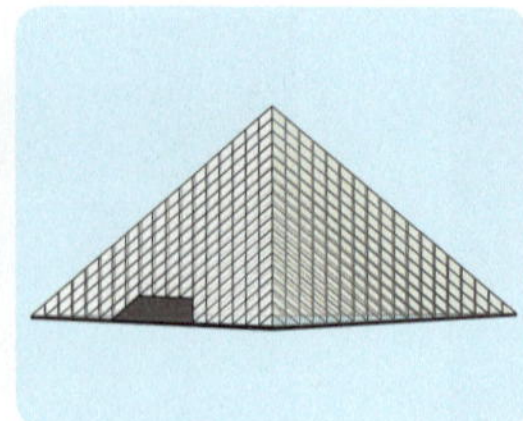

1 Wo findest du Pyramiden in deiner Umgebung?

2 Pyramiden untersuchen

Dreiecks-Pyramide

Vierecks-Pyramide

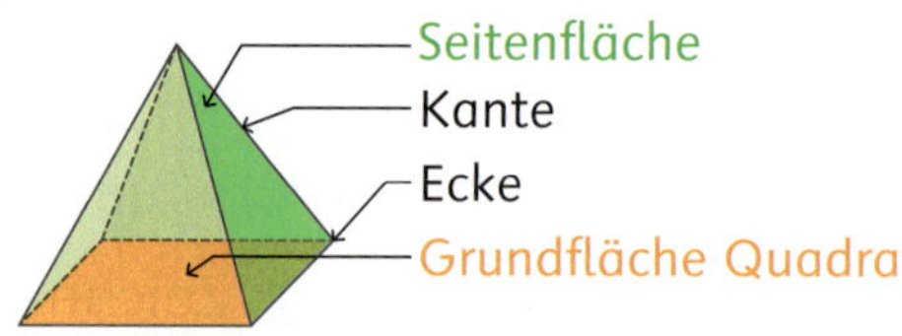

a) Erkläre die Begriffe Dreiecks-Pyramide und Vierecks-Pyramide.

b) Untersuche Pyramidenmodelle.
Achte auf Flächen, Kanten, Ecken.

c) Schreibe Merksätze in dein Heft.
Beachte: Es gibt verschiedene Pyramiden.

Die Dreiecks-Pyramide hat ... Flächen.
Ihre Grundfläche ist ...
Ihre Seitenflächen sind ...

3 Welches Netz ist ein Pyramidennetz?

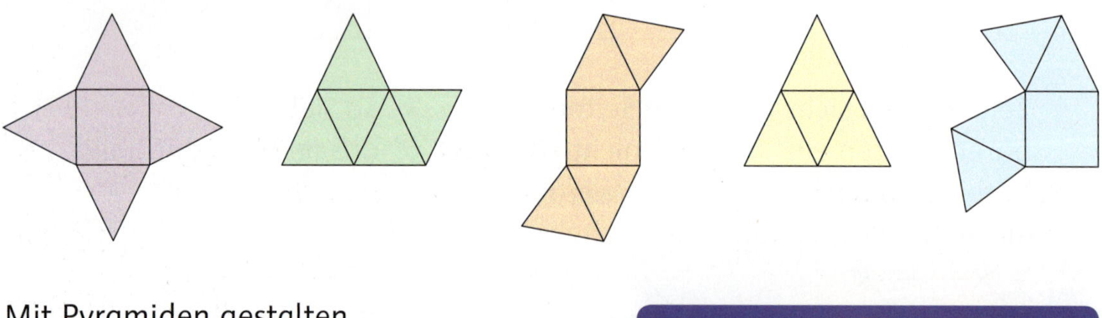

4 Mit Pyramiden gestalten

Falte einen quadratischen Notizzettel zweimal diagonal. Schneide entlang einer Faltlinie bis zur Mitte ein. Schiebe die Schnittkanten übereinander. Klebe die überlappenden Flächen zusammen. Gestalte ein ähnliches Bild.

Abbildung 1: Cheops-Pyramide   Abbildung 3: Eingang des Museums Louvre

Kegel

1 Wo findest du Kegel in deiner Umgebung?

2 Kegel untersuchen

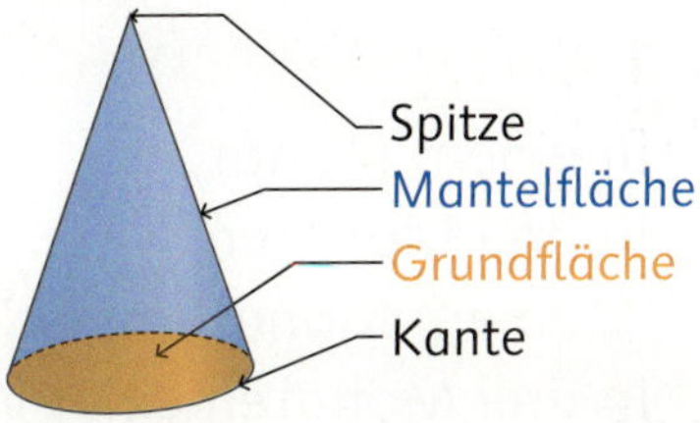

a) Untersuche Kegelmodelle.
Achte auf Flächen, Kanten, Spitzen.

b) Schreibe Merksätze in dein Heft.

Ein Kegel hat ... Flächen.

Seine Grundfläche ist ...

Die Mantelfläche ist ...

3 Welches Netz ist ein Kegelnetz?

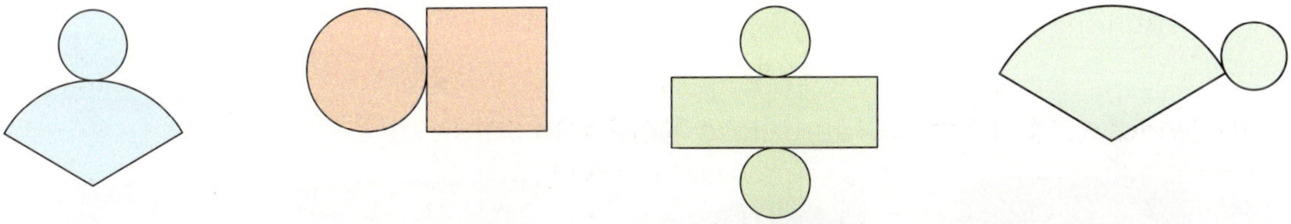

4 Mit Kegeln gestalten

Schneide farbige Papier-Kreise bis zum Mittelpunkt ein. Schiebe die Schnittkanten übereinander – mal mehr und mal weniger weit. Es entstehen unterschiedlich große Kegel. Klebe sie an den Rändern zusammen. Gestalte mit vielen Kegeln ein Relief.

Der Begriff „Relief" kommt aus dem Lateinischen: relevare = in die Höhe heben

Der Kalender

1 Erzähle.

2 Welches Datum ist heute?

Welches Datum ist dann …

> Eine Woche sind 7 Tage. Die rechne ich einfach dazu.

a) in einer Woche,
in zwei Wochen,
in einer Woche 2 Tagen,
in zwei Wochen 5 Tagen,

b) in einem Monat,
in drei Monaten,
in einem Monat und 4 Tagen,
in drei Monaten einer Woche?

Welches Datum war dann …

> Zwei Wochen sind 14 Tage. Die ziehe ich dann einfach ab.

c) vor zwei Wochen,
vor einer Woche 3 Tagen,
vor zwei Wochen 6 Tagen,
vor drei Wochen 2 Tagen,

d) vor einem Monat,
vor vier Monaten,
vor zwei Monaten einem Tag,
vor drei Monaten 2 Wochen?

3 An welchem Datum wurden diese Tiere fünf Jahre alt?

a) 
geb. am 6.4.2005

b) 
geb. am 9.10.2003

c) 
geb. am 8.2.2004

d) 
geb. am 21.6.2002

4 Wann wurden diese Menschen geboren?

a) 2.5.2011

Ich werde heute acht Jahre alt.

b) 8.7.2011

Ich werde heute vierzig Jahre alt.

c) 30.11.2011

Ich werde heute zehn Jahre alt.

d) 3.8.2011

Ich werde heute siebzig Jahre alt.

Das Jahr

1 Erzähle.

1 Jahr = 12 Monate
1 Woche = 7 Tage

1 Monat ≈ 4 Wochen
1 Monat ≈ 30 Tage
1 Jahr ≈ 52 Wochen

2 Rechne um …

a) in Tage,	b) in Wochen,	c) in Monate,	d) in Jahre.
2 Monate	21 Tage	210 Tage	36 Monate
3 Jahre	6 Monate	5 Jahre	208 Wochen
7 Wochen 5 Tage	7 Jahre	3 Jahre 6 Monate	1460 Tage

3 Rechne in Wochen um. Kontrolliere mit einem Kalender. Was fällt dir auf?

a) 3 Monate 6 Monate 9 Monate 12 Monate

b) 2 Monate 4 Monate 7 Monate 8 Monate

R: 2 Monate ≈ 8 Wochen
K: 2 Monate =

4 Wer ist älter? Begründe.

a)

Leon
9 Wochen alt

Maria
60 Tage alt

b)

Katja
30 Monate alt

Peter
119 Wochen alt

c)

Paul
$\frac{1}{2}$ Jahr alt

Moritz
28 Wochen alt

d)

Lara
700 Tage alt

Elsie
2 Jahre alt

Zeitpunkte und Zeitspannen

1 Erzähle.

2 a) Rechne 12 Stunden dazu: 20:30 Uhr 14:26 Uhr 21:48 Uhr 18:12 Uhr

b) Rechne 50 Minuten dazu: 14:50 Uhr 20:30 Uhr 11:45 Uhr 22:55 Uhr

★ c) Rechne 5 Stunden 30 Minuten dazu: 21:30 Uhr 19:37 Uhr 20:16 Uhr

3 a) Rechne 10 Stunden zurück: 5:30 Uhr 9:42 Uhr 4:07 Uhr 0:36 Uhr

b) Rechne 50 Minuten zurück: 7:40 Uhr 15:20 Uhr 19:30 Uhr 11:45 Uhr

★ c) Rechne 4 Stunden 40 Minuten zurück: 22:10 Uhr 18:33 Uhr 6:27 Uhr

4 a) Ling-Ling trainiert jeden Freitag ab 15:45 Uhr Kung-Fu. Wann endet ihr Training?

b) Ling-Lings Mutter trainiert montags und mittwochs bis 21:45 Uhr. Wann beginnt ihr Training?

> **KUNG-FU TRAINING**
> Für Kinder: 1 Stunde 30 Minuten
> Für Erwachsene: 2 Stunden

5 Wie viele Minuten sind vergangen?

a) 
b) 
c) 
d) 
e) 

6 Übertrage ins Heft und ergänze.

a)

Beginn	Dauer	Ende
19:00 Uhr		7:00 Uhr
23:00 Uhr		5:15 Uhr
12:30 Uhr		13:20 Uhr
17:45 Uhr		18:15 Uhr
9:50 Uhr		11:10 Uhr

b)

Beginn	Dauer	Ende
20:00 Uhr		6:00 Uhr
22:00 Uhr	10 Stunden	
	8 Stunden	5:00 Uhr
7:40 Uhr		8:10 Uhr
14:50 Uhr	40 Minuten	

7 Wann beginnt das Training?

8 Erzähle.

Bei diesen Aufgaben muss ich genau lesen. Dann überlege ich, ob ein Zeitpunkt oder eine Zeitspanne gesucht ist.

Die Fragewörter können dabei helfen.

Wie lange?

Wann?

Wie viele Stunden?

9 Paul braucht für den Weg von zu Hause bis zum Training 25 Minuten. Wann muss er losgehen, um pünktlich mit dem Training um 15:45 Uhr zu beginnen?

10 Zur Vorbereitung auf einen Wettkampf trainiert Ling-Ling dreimal in der Woche eine Stunde und 30 Minuten. Wie viele Stunden trainiert sie insgesamt pro Woche?

11 Lena und Lisa gehen zweimal in der Woche zum Schwimmen. Lena schwimmt 30 Minuten. Lisa hält 40 Minuten durch. Wie viele Minuten schwimmt Lisa pro Woche mehr?

Ich zeichne mir ein Streifendiagramm.

12 Wann müssen die Zwillinge spätestens im Schwimmbad losgehen, um nach dem Schwimmen wieder pünktlich zu Hause zu sein?

Zum Duschen und Umziehen brauchen wir insgesamt 30 Minuten.

Bis zum Schwimmbad laufen wir 15 Minuten. Wir sollen um 19:00 Uhr wieder zu Hause sein.

Die Weserfähre

Abfahrtszeiten

Montag – Freitag				Samstag				Sonntag und Feiertag			
Stunde	Minute			**Stunde**	Minute			**Stunde**	Minute		
5	00	30		**5**		20		**5**			
6	00	30		**6**	00		40	**6**			
7	00	30		**7**		20		**7**			
8	00	30		**8**	00		40	**8**			40
9	00	30		**9**		20		**9**		20	
10	00	20	40	**10**	00	20[1]	40	**10**	00		40
11	00	20	40	**11**	00[1]	20	40[1]	**11**		20	
12	00	20	40	**12**	00	20[1]	40	**12**	00		40
13	00	20	40	**13**	00[1]	20	40[1]	**13**		20	
14	00	20	40	**14**	00	20[1]	40	**14**	00		40
15	00	20	40	**15**	00[1]	20	40[1]	**15**		20	
16	00	20	40	**16**	00	20[1]	40	**16**	00		40
17	00	20		**17**		20		**17**		20	
18	00		40	**18**		20		**18**		20	
19		20		**19**		20		**19**		20	
20		20		**20**		20		**20**		20[1]	
21		20		**21**				**21**			
22	00			**22**				**22**			

[1] Verkehr nur im Sommerfahrplan vom 1. Juli bis 30. September, an den Oster- und Pfingstfeiertagen und den jeweiligen Samstagen davor

1 a) Über welchen Fluss fährt die Fähre?

b) In welchem Bundesland liegt Nordenham? Schau im Atlas nach.

c) Zu welchem Bundesland gehört Bremerhaven?

2 a) Wann fährt montags die erste Fähre?

b) Wann fährt samstags die letzte Fähre?

c) Wie oft fährt sonntags eine Fähre?

d) Wie oft fährt donnerstags eine Fähre?

3 a) In welchen Monaten gilt der Sommerfahrplan?

b) An welchen Wochentagen ändert sich der Fahrplan von Sommer zu Winter?

c) Welche Fähren fahren nur nach Sommerfahrplan? Nenne alle zehn Uhrzeiten.

4 Erfindet Fragen zum Fahrplan und lasst sie von Mitschülern beantworten.

Tipp: Bearbeite die Aufgaben in fünf Schritten:
1. Frage stellen   2. Überschlag   3. Rechnung   4. Kontrolle   5. Antwort

5 Juri und Mira kommen am Montag um 7:20 Uhr an der Anlegestelle an.
Wann fährt die nächste Fähre?

6 Familie Kowalski möchte am Sonntag mit der Fähre nach Nordenham fahren. Sie steht um 7:50 Uhr an der Anlegestelle.

a) Wann fährt die nächste Fähre?

b) Wie lange muss Familie Kowalski warten?

7 Frau Funke fährt mit der Fähre um 19:20 Uhr in Bremerhaven los.
Wann kommt sie in Nordenham an?

8 Paul steht mit seinem Opa am Samstagmorgen um 9:00 Uhr an der Anlegestelle.
Wann kommen sie mit der Fähre in Nordenham an?

9 Auch Pauls Eltern wollen spätestens um 13:00 Uhr in Nordenham sein.
Wann fährt die letzte Fähre, damit sie noch pünktlich ankommen?

10 Familie Kowalski bezahlt für zwei Erwachsene und zwei Kinder die Hin- und Rückfahrt.

a) Wie viel bezahlt die Familie insgesamt?

b) Wie viel Geld hätte die Familie mehr bezahlt, wenn sie zuerst nur die Hinfahrt und später die Rückfahrt bezahlt hätte?

Tarif	einf. Fahrt	Hin- und Rückfahrt
1. Kinder v. 4. bis zum vollendeten 15. Lebensjahr, Schüler, Studenten	1,00 €	1,80 €
2. Erwachsene	2,00 €	3,60 €
3. Fahrräder, Mopeds, Mofas, Sportkarren, Kinderwagen	1,30 €	2,30 €
4. Fahrzeuge mit Fahrer bis 5 m	5,00 €	9,60 €

11 Wie viel müsste deine Klasse für eine Hin- und Rückfahrt bezahlen?

12 Erfinde eigene Aufgaben. Stelle sie in der Klasse vor.

Vergrößern und Verkleinern

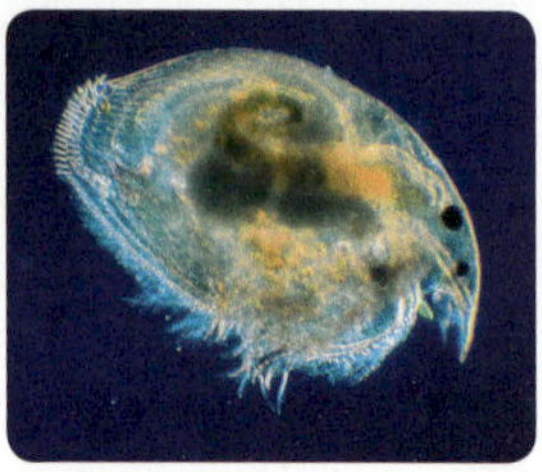

1 a) Sind die Tiere und Dinge auf den Bildern wirklich so groß? Überlege.

b) Kann jedes beliebige Ding in Originalgröße abgebildet werden?

c) Wo ist es sinnvoll, Abbildungen zu vergrößern oder zu verkleinern?

2

So wie man Luftballons aufblasen kann, kann man auch Bilder vergrößern. Das 5-Cent-Stück auf dem rechten Foto ist zweimal so groß abgebildet, wie es in Wirklichkeit ist. Das Geldstück ist im Maßstab 2 : 1 vergrößert.

Der Maßstab 2 : 1 bedeutet:
In Wirklichkeit ist alles halb so groß.
2 : 1
Bild : Wirklichkeit
2 cm im Bild entsprechen 1 cm in der Wirklichkeit.

3 Ein Lesothosaurus ist hier verkleinert im Maßstab 1 : 10 abgebildet.

a) Miss die Länge des Sauriers.

b) Wie lang war der Saurier in Wirklichkeit? Berechne.

c) Ergänze. Das ist etwa so groß wie …

Der Maßstab 1 : 10 bedeutet:
In Wirklichkeit ist alles zehnmal so groß.

1 : 10
Bild : Wirklichkeit

1 cm im Bild entsprechen 10 cm in der Wirklichkeit.
10 cm im Bild entsprechen 100 cm in der Wirklichkeit.
1 m im Bild entsprechen 10 m in der Wirklichkeit.

4 Könnte man einen Brontosaurus oder einen Tyrannosaurus Rex auch im Maßstab 1 : 10 abbilden?
Recherchiere, wie groß diese Tiere waren und wie groß das Modell sein müsste.

5 Wie groß ist das Auto in Wirklichkeit?

Modellbau Klebefix
Volkswagen Käfer Cabrio 1302 LS
Maßstab 1:10
Länge des Modells: 407 mm
Breite des Modells: 154 mm

6 Wie groß ist der Elefant in Wirklichkeit?

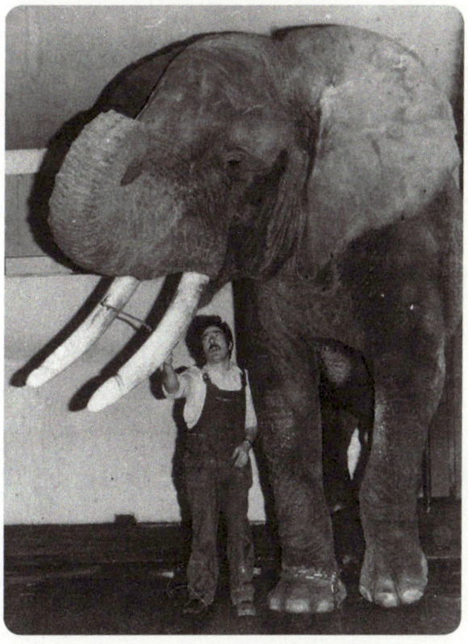

Grundrisse und Stadtpläne

1 Die Wohnung der Familie Müller hat diesen Grundriss.

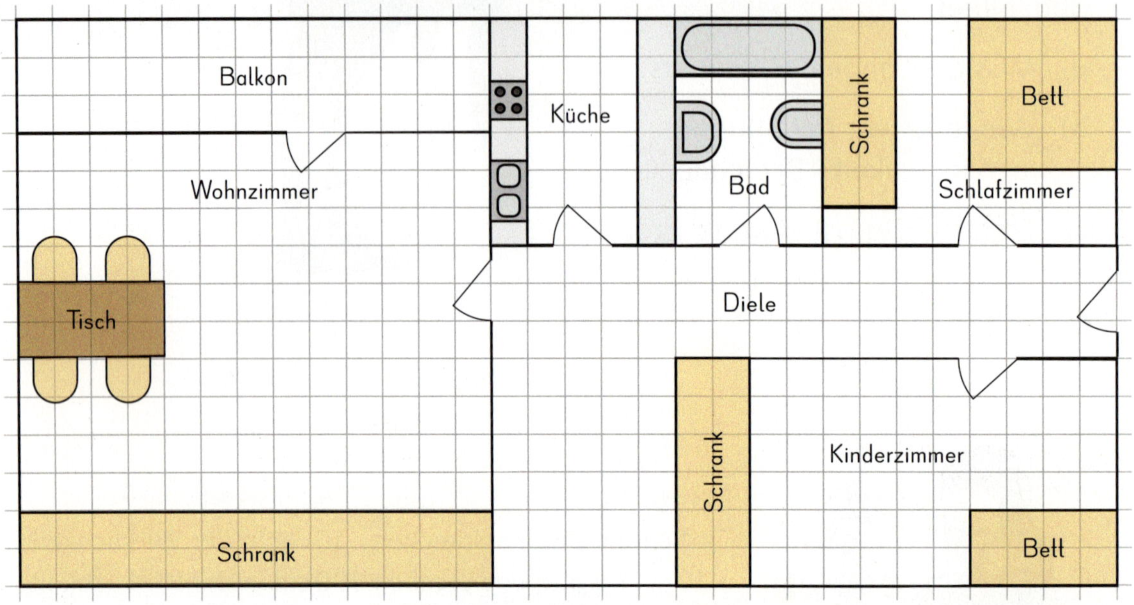

Maßstab 1 : 100

Zimmer / Möbel	in der Zeichnung		in Wirklichkeit	
	Länge	Breite	Länge	Breite
Wohnzimmer	6 cm	6,5 cm	600 cm	650 cm
…	…	…	…	…

Tipp: Der Maßstab 1 : 100 bedeutet, dass 1 cm im Bild 100 cm in der Wirklichkeit sind.

a) Miss die Länge der Wände aus und berechne die Länge und Breite der Zimmer in Wirklichkeit.

b) Berechne Länge und Breite der Möbel.

2 Messt euer Klassenzimmer aus und zeichnet einen verkleinerten Grundriss.

a) Welchen Maßstab könnt ihr nehmen?

b) Zeichnet im gleichen Maßstab verkleinerte Grundrisse der Möbel.

c) Probiert aus, ob ihr die Möbel in eurer Klasse auch anders anordnen könnt.

3 Übertrage die Tabelle in dein Heft und vervollständige sie.

Maßstab	1 : 2	1 : 10	1 : 100	■	■
Bild	2 cm	4 cm	■	10 cm	10 cm
Wirklichkeit	■	■	500 cm	100 cm	5 cm

4 Familie Kowalski fährt nach Köln. Jeder möchte etwas anderes sehen. Suche die vier genannten Orte im Stadtplan und notiere die Planquadrate.

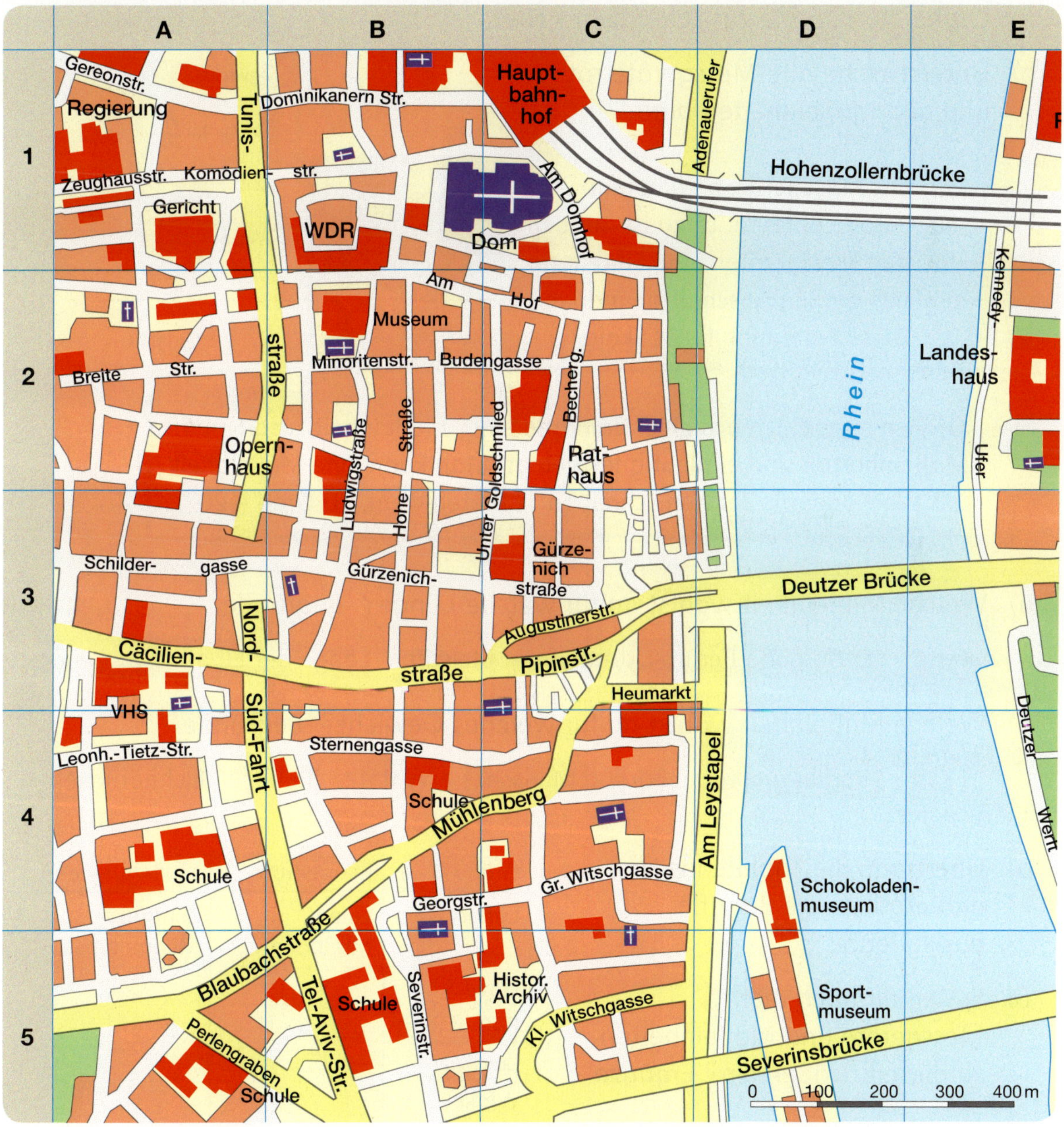

Messergebnisse richtig beschreiben

1

Hier sind alle Größen und ihre Begriffe durcheinandergeraten.

Länge | Zeit | Kilogramm | Stunde | Lineal
Meter | Milliliter | Minute | Winkel | Jahr
Liter | Kilometer | Geodreieck | Uhr
Rauminhalt | Zollstock | Gewicht | Maßband | Zentimeter
Grad | Gramm | Messbecher | Waage | Stoppuhr

a) Ordne die Begriffe zu. Schreibe ins Heft.

b) Unterstreiche alle Messgeräte rot und alle Maßeinheiten blau.

Länge: Meter, Lineal ...
Gewicht: ...
Rauminhalt: ...
Zeit: ...
Winkel: ...

An **Messgeräten** kann man eine Größe ablesen. Dazu ist auf den meisten Messgeräten eine Einteilung in gleich großen Abschnitten markiert. Diese Einteilung heißt Skala.

Größen setzen sich aus einer Zahl und einer Maßeinheit zusammen. **Maßeinheiten** sind eindeutig festgelegt. Man kann eine Maßeinheit als Wort oder als Zeichen schreiben: 1 Meter – 1 m, 20 Grad – 20°.

2 a) Welche Maßeinheit wählst du für welche Länge? Begründe.

Kette | Entfernung Berlin–Dortmund | Bleistift | Länge der Elbe | Wimpern

b) Welche Maßeinheit wählst du für welches Gewicht? Begründe.

LKW | Radiergummi | Bär | Mensch | Wal | Biene | Eichhörnchen

3 a) Übertrage die Tabelle ins Heft und ergänze die Begriffe aus Aufgabe 1.

b) Fallen dir noch mehr Messgeräte und Maßeinheiten zu diesen Größen ein? Ergänze.

Größe	Messgeräte	Maßeinheiten
Länge	Lineal, Maßband ...	Zentimeter, Millimeter ...
Gewicht		
Rauminhalt		
Zeit		
Winkel		

4 Erzähle.

5

Größe	Milli-	Zenti-	Dezi-		Kilo-
Länge	1 000 mm = 1 m	100 cm = 1 m	10 dm = 1 m	1 m	1 000 m = 1 km
Gewicht				1 g	
Rauminhalt				1 l	

a) Welche Maßeinheiten werden für Gewichte und Rauminhalte verwendet? Ergänze die Tabelle.

> Dann kann ich beim Gewicht Milligramm ergänzen. Ich kenne aber kein Zentigramm …

b) Schreibe alle Maßeinheiten mit Milli- (Zenti-, Dezi-, Kilo-) auf. Wie rechnest du um? Was fällt dir auf?

Millimeter – Meter	1 0 0 0 mm	=	1 m
Milligramm – Gramm	…		

c) Recherchiere für die Zeit: Welche Maßeinheiten werden verwendet? Welche Maßeinheit wird auch zusammengesetzt mit Milli- verwendet? In welchen Situationen misst man in dieser Maßeinheit?

6 Diskutiert über die Fragen.

7 Schreibe ins Heft. Ergänze die richtige Maßeinheit.

a) 5 kg = 5000 ▢
70 cm = 7 ▢
90 dm = 9 ▢

b) 8 m = 800 ▢
4000 ml = 4 ▢
10 000 mg = 10 ▢

c) 2 l = 2000 ▢
30 mm = 3 ▢
6 g = 6000 ▢

Bist du fit?

1 Rechne schriftlich.

a) 123 · 7
5023 · 3
41013 · 6

b) 312 · 34
8142 · 42
4202 · 233

c) 7250 : 5
12784 : 8
638100 : 9

d) 4015 : 11
8883 : 21
45556 : 14

2 Achte auf das Komma.

a) 5,70 € · 6
37,49 € · 5

b) 57,07 € · 49
87,09 € · 80

c) 19,20 € : 6
56,80 € : 4

d) 41,00 € : 25
33,60 € : 14

3 Achte auf die Rechenregeln.

a) 7 + 3 · 5
(4 + 6) · 8
7 · (3 + 5)

b) (17 − 3) · 3
35 : (4 + 1)
17 − 3 · 3

c) 45 − 15 : 3
16 : 4 − 2
16 : (4 − 2)

d) 9 · (14 − 9)
7 · 9 − 9
7 · (9 − 9)

4 Tour de France 2010

a) Die 97. Tour de France umfasst 20 Etappen und einen Prolog. Jeder Fahrer, der in Paris durchs Ziel fährt, hat 3642 km hinter sich.

kürzeste Etappe: Prolog 8,900 km
längste Etappe: Montargis–Gueugnon 227,500 km

Wie groß ist der Unterschied zwischen der kürzesten und der längsten Etappe?

b) Die Strecke für das Einzelzeitfahren von Bordeaux nach Pauillac ist 52 km lang.

Platz	Name	Zeit
1.	Fabian Cancellara (Schweiz)	1 h 0 min 56 s
2.	Tony Martin (Deutschland)	+ 17 s
...	...	...
170.	John Gadret (Frankreich)	+ 11 min 48 s

Wie lange brauchte der beste deutsche Fahrer für diese Etappe?
Wie lange brauchte der langsamste Fahrer für das Einzelzeitfahren?

5 Familie Kowalski renoviert das Mädchenzimmer.

a) Wie groß ist der Flächeninhalt der Tür?

b) Wie groß ist der Flächeninhalt des Fensters?

c) Wie viele Wandflächen hat das Zimmer?

d) Berechne den gesamten Flächeninhalt der Wände.

Tipp: Fertige eine Skizze an.

6

Die 19 Kinder der Klasse 7 machen einen Ausflug in den Klettergarten. Jedes Kind zahlt 12 € Eintritt.
Sie überlegen, wie viel die Klasse zahlen muss.

a) Übertrage die Tabelle in dein Heft. Vervollständige bis 19 Kinder.

b) Erstelle ein Koordinatensystem. Trage die Punkte ein.

Anzahl der Kinder	Preis in €
0	0
1	■
…	…

7 Dana möchte sich einen Brot-Burger machen.
Er soll aus Brot, Wurst und Käse bestehen.
Sie hat zur Auswahl: Toastbrot oder Heidebrot, Salami oder Mortadella, Gouda oder Emmentaler.

a) Übertrage die Tabelle ins Heft. Vervollständige und finde alle Kombinationen.

Brot	Wurst	Käse
Toast	■	■
Heidebrot	■	■
…	…	…

b) Übertrage das Baumdiagramm ins Heft. Vervollständige und finde alle Kombinationen.

Mathe mit Methode: Zusammenfassung

Tabellen und Diagramme (Seiten 36/37)

Mit Säulen- und Balkendiagrammen werden Daten und Ergebnisse als Bild dargestellt, so dass du sie schneller lesen und verstehen kannst. Balken- und Säulendiagramme eignen sich auch, um eine Präsentation anschaulich und interessant zu gestalten.

Lernplakat (Seite 68)

Ein Lernplakat zu einem Thema wird mit wichtigen Informationen, Diagrammen, Bildern oder Fotos gestaltet. Es soll helfen, das Thema abwechslungsreich und interessant für andere zu präsentieren. Außerdem kann sich ein Zuhörer, der ein Lernplakat betrachtet, die wichtigen Informationen leichter merken.

Steckbrief (Seite 80)

Ein Steckbrief enthält in kurzen Stichworten alle wichtigen Informationen zu einem Thema. Steckbriefe sollen dir beim Lernen eine Hilfe sein. Du kannst sie an der Pinnwand im Klassenraum oder zu Hause im eigenen Zimmer aufhängen. Mit ihrer Hilfe kannst du dich schnell an Einzelheiten erinnern.

Der Kreis

d = Durchmesser
r = Radius
$u_{\circ}$ = Umfang
π = Kreiszahl Pi
π = 3,14

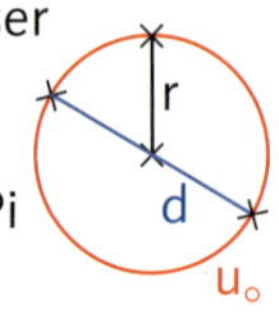

Kreisumfang:
$u_{\circ} = \pi \cdot d$

Quiz (Seite 135)

Ein Quiz ist ein Wissensspiel, bei dem ihr üben könnt, was ihr gerade gelernt habt. Für das Quiz müsst ihr Kärtchen mit Fragen und Antworten erstellen. Auf die Vorderseite kommen Fragen oder Aufgaben, auf die Rückseite schreibt ihr die passenden Lösungen. Wenn ihr ein Quiz in der Schule und zu Hause spielt, bleibt das Gelernte besser im Gedächtnis und macht auch noch Spaß.

Was ist eine Fermi-Aufgabe? (Seiten 11, 13, 14, 62, 79, 83, 109, 113)

Enrico Fermi war ein Wissenschaftler, der seinen Schülern besondere Aufgaben zum Rechnen gab. Das Besondere an seinen Aufgaben war, dass sie kaum genau gelöst werden konnten. Daher konnte es zu verschiedenen richtigen Lösungen kommen, je nachdem welche Zahlen für die Aufgaben ausgewählt wurden. Er wollte, dass sich die Schüler vorher genau überlegen, welche Zahlen zur Aufgabe passen und wie sie damit rechnen müssen.
Du musst bei Fermi-Aufgaben also zuerst überlegen, welche Zahlen zur Aufgabe passen und wie gerechnet werden soll.

Herausgegeben von
Prof. Dr. Franz B. Wember, Nottuln

Erarbeitet von
Enno Friedemann-Zemkalis, Rodewald; Christel Gerling, Hilden; Elisabeth Jenert, Otzberg; Elke Narten, Wunstorf; Maike Schindler, Essen; Petra Kühne, Berlin; Ines Zemkalis, Rodewald

Unter Beratung von
Bärbel Becher, Karlsbad (Baden); Dr. Thomas Breucker, Dortmund; Dr. Stefanie Breuers, Hilden; Meike Busch, Hannover; Daniela Buss, Steyerberg; Hanne Frohberg, Freudenstadt; Kerstin Gärtig, Leipzig; Birgit Leuermann, Dortmund; Sonja Lange, Ulm; Daniela Linde, Schönerlinde; Cornelia Michalski, Leipzig; Dr. Axel Mittelberg, Osnabrück; Kati Steinecke, Saarbrücken

Redaktion: Nadja Diane, Jürgen Skrabal, Inga Knoff
Illustration: Timo Grubing, Münster
Umschlaggestaltung: Klein & Halm, Grafikdesign, Berlin
Layout und technische Umsetzung: Katrin Tengler

Bildnachweis:
S. 6: 1 IBM/Pressebild; 2 Deutsches Museum München; S. 7: www.fahrrad.de; S. 11: 1 Picture-alliance/dpa/Daniel Karmamm; 2 Maike Schindler, Essen; S. 12: 1 Wikipedia/GNU1.2/Monika Bentley; 2 Maike Schindler, Essen; 3 Fotolia.com/abcmedia; S. 13: Picture-alliance/dpa/Klaus Rose; S. 14: 1–4 Cornelsen Verlagsarchiv/EURO-Luftbild; S. 30: Christel Gerling, Hilden; S. 32: 1–3 Christel Gerling, Hilden; S. 37: Cornelsen Verlagsarchiv/Red. Biologie; S. 46 BildArt Volker Döhring, Hohen Neuendorf; S. 47: Mathias Hamel, Berlin; S. 62: Cornelsen Verlagsarchiv/Marek Lange; S. 63: 1 CARO/Engelsmann; 2 Picture-alliance/ZB/Jürgen Korsch; S. 65: 1 Fotolia.com/Otto Durst; 2 Cornelsen Verlagsarchiv/Red. Biologie; 3 Fotolia.com/Harald Lange; S. 68: 1–3 Ines Zemkalis, Rodewald; S. 69: 1–10 Cornelsen Verlagsarchiv/Red. Biologie; S. 70: http://de.wiktionary.org/wiki/Äquator; S. 71: Cornelsen Verlagsarchiv/Red. Mathe; S. 73: Fotolia.com/Willnidd; S. 79: Fotolia.com/Vuk Vumirovic; S. 80: © pitopia/Lukas Keisler 2010; S. 84: Ines Zemkalis, Rodewald; S. 95: 1 wikimedia/GNU/Fidelio; 2 Mercedes-Daimler/Pressebild; S. 96: 1,2 Fotolia.com: 1 Mardre; 2 Marina Lohrbach; S. 98: 1 AIDA/Pressebild/Meyer Werft Papenburg; 2 DB AG/BiB; 3 Cornelsen Verlagsarchiv; S. 104: Wikipedia/CC/GNU/Czepluch; S. 109: Picture-alliance/dpa-Report/Scanpix; S. 111: Peter Wirtz, Dormagen; S. 115: Christel Gerling, Hilden; S. 118/119: Christel Gerling, Hilden; S. 121: Fotolia.com; S. 123: Peter Peterlini, Köln; S. 130: 1 UNITED AIRLINES/Press Image; 2 Caravaningpark Augsburg; S. 132: Krones AG, Neutraubling/Pressebild; S.133: Hessische Landesbank, Frankfurt am Main/Pressebild; S. 134: 1 Wikimedia/GNU1.2/noebse; 2 Berghotel JH Isny; 3 Panoramico/Igor Mirande; 4 Hotel Berghof, Oedelsheim; S. 140/141: Christel Gerling, Hilden; S. 143: 1–2 Cornelsen/Inga Knoff S. 144: 1 Peter Hartmann, Potsdam; 2 www.foerderverein-grundschule-holtwick.de; 3 Christian Böhning, Berlin; 4 Cornelsen Verlagsarchiv; 5 Christel Gerling, Hilden; S. 145: 1 adpic.ch/K.Brümmer; 2 Fotoia.com/Ruth Hallam; 3 Cornelsen Verlagsarchiv; 4 www.onlinekerzen.de; 5 Gabi & Jochen Wegner, Groß-Potrems; 6 Christel Gerling, Hilden; S. 146: 1–3 Fotolia.com: 1 GeEr; 2 hret; 3 Carola Schubbel; 4 Maike Schindler, Essen; S. 147: 1–4: Peter Wirtz, Dormagen; 5–8 Fotolia.com: 5, 6 Carola Schubbel; 7 Robert Kneschke; 8 Eric Isselée; S. 150: www.weserfaehre.de; S. 152: 1–3 Fotolia.com: 2 isdesign, 3 alekss; 4 Cornelsen Verlagsarchiv; 5 © Pitopia/Roland Binder 2007; S. 153: 1 http://animals.nationalgeographic.com; 2 Cornelsen Verlagsarchiv; 3 www.elephant.se/Zoo Hannover 1977; S. 156: Peter Wirtz, Dormagen

www.cornelsen.de

1. Auflage, 6. Druck 2020

Alle Drucke dieser Auflage sind inhaltlich unverändert
und können im Unterricht nebeneinander verwendet werden.

Druck und Bindung: Livonia Print, Riga

ISBN 978-3-06-080547-1 (Schulbuch)
ISBN 978-3-06-041036-1 (E-Book)

PEFC
PEFC/12-31-006

PEFC zertifiziert
Dieses Produkt stammt aus nachhaltig bewirtschafteten Wäldern und kontrollierten Quellen.

www.pefc.de